はじめに

本書では、SEOを成功させるために不可 [illegible] い

ます。

1つは、SEOをする上で最も重要なプロセスである目標キーワードの設定です。このことが重要である理由は、目標が間違っていたら仮に上位表示したとしても自社サイトに見込み客を集客することはできないからです。

2つ目の重要ポイントはサイト内部の技術的な改善方法を知ることです。サイト内部の改善方法を知ることは年々、重要性を増してきています。なぜなら、Googleの度重なるシステム更新により、かつてのように外部サイトからのリンクを集めるだけで順位が上がるということはなくなったからです。

この大きな変化は2012年にGoogle が実施したペンギンアップデートにより起きました。むやみにリンクを集めるとサイトの検索順位が上がるどころか、Googleにペナルティを与えられることになり逆効果になる時代が来ました。

その結果、これまで主にリンクを集めることでSEOを成功させ、検索ユーザーを集客してきた企業にSEOの実施方法の大幅な変更を強いることになりました。

しかし、リンクを集める単純なSEOではなく、サイトの内部を技術的に改善して検索順位を上げることができる人材が不足しているのが現状です。そのため、多くの企業がスムーズな方針の変更が困難な状況にあります。

本書が解説するSEO検定3級のカリキュラムは、こうした企業からの要請に応える人材を育成するために作られました。このカリキュラムは企業の現場において、日々、実験と検証を繰り返しノウハウ化された最新技術と海外の最先端の情報に裏付けされた技術体系です。

今、SEOを活用して集客しようとする企業が必要としている人材はGoogleがどのようにWebサイトの中身を評価しているのかを知り、検索順位アップのために自社サイトの内部要素の改善方法を熟知したSEO 担当者です。

本書がこれからSEO技術を習得し社会で大きく活躍しようとする方の一助になることを祈念します。

2022年1月

一般社団法人全日本SEO協会

SEO検定3級　試験概要

運営管理者

《出題問題監修委員》　東京理科大学工学部情報工学科　教授　古川利博
《出題問題作成委員》　一般社団法人全日本SEO協会　代表理事　鈴木将司
《特許・人工知能研究委員》　一般社団法人全日本SEO協会　特別研究員　郡司武
《モバイル技術研究委員》　アロマネット株式会社 代表取締役　中村 義和
《構造化データ研究》　一般社団法人全日本SEO協会　特別研究員　大谷将大

受験資格

学歴、職歴、年齢、国籍等に制限はありません。

出題範囲

『SEO検定 公式テキスト 3級』の第1章から第6章までの全ページ
『SEO検定 公式テキスト 4級』の第1章から第6章までの全ページ

- 公式テキスト

URL https://www.ajsa.or.jp/kentei/seo/3/textbook.html

合格基準

得点率80%以上

- 過去の合格率について

URL https://www.ajsa.or.jp/kentei/seo/goukakuritu.html

出題形式

選択式問題　80問
試験時間　60分

試験形態

所定の試験会場での受験となります。

- 試験会場と試験日程についての詳細

URL https://www.ajsa.or.jp/kentei/seo/3/schedule.html

受験料金

5,000円(税別)/1回(再受験の場合は同一受験料金がかかります)

SEO検定

SEO CERTIFICATION TEST 3rd GRADE

公式テキスト

3級

一般社団法人
全日本SEO協会 編

C&R研究所

■権利について

- 本書に記述されている社名・製品名などは、一般に各社の商標または登録商標です。
- 本書では™、©、®は割愛しています。

■本書の内容について

- 本書は編者が実際に調査した結果を慎重に検討し、著述・編集しています。ただし、本書の記述内容に関わる運用結果にまつわるあらゆる損害・障害につきましては、責任を負いませんのであらかじめご了承ください。
- 本書は2022年1月現在の情報をもとに記述しています。
- 正誤表の有無については下記URLでご確認ください。
  https://www.ajsa.or.jp/kentei/seo/3/seigo.html

●本書の内容についてのお問い合わせについて

この度はC&R研究所の書籍をお買い上げいただきましてありがとうございます。本書の内容に関するお問い合わせは、「書名」「該当するページ番号」「返信先」を必ず明記の上、C&R研究所のホームページ(https://www.c-r.com/)の右上の「お問い合わせ」をクリックし、専用フォームからお送りいただくか、FAXまたは郵送で次の宛先までお送りください。お電話でのお問い合わせや本書の内容とは直接的に関係のない事柄に関するご質問にはお答えできませんので、あらかじめご了承ください。

〒950-3122 新潟県新潟市北区西名目所4083-6　株式会社 C&R研究所　編集部
FAX 025-258-2801
「SEO検定 公式テキスト 3級 2022・2023年版」サポート係

試験日程と試験会場

- 試験会場と試験日程についての詳細

URL https://www.ajsa.or.jp/kentei/seo/3/schedule.html

受験票について

受験票の送付はございません。お申し込み番号が受験番号になります。

受験者様へのお願い

試験当日、会場受付にてご本人様確認を行います。身分証明書をお持ちください。

合否結果発表

合否通知は試験日より14日以内に郵送により発送します。

認定証

認定証発行料金無料(発行費用および送料無料)

認定ロゴ

合格後はご自由に認定ロゴを名刺や印刷物、ウェブサイトなどに掲載できます。認定ロゴはウェブサイトからダウンロード可能です(PDFファイル、イラストレータ形式にてダウンロード)。

認定ページの作成と公開

希望者は全日本SEO協会公式サイト内に合格証明ページを作成の上、公開できます(プロフィールと写真、またはプロフィールのみ)。

- 実際の合格証明ページ

URL https://www.zennihon-seo.org/associate/

Contents

第2章◆検索キーワードのパターンと目標設定

第1章

検索キーワードの需要調査

SEO技術の最重要プロセスは、見込み客が検索するキーワードのパターンを知ることです。

それがわかればニーズのあるコンテンツを増やし、サイトのアクセス数とそこからの売上を増やす道が開けます。

SEO技術の3大要素

Googleが持っているといわれる200以上のアルゴリズムは大きく分類すると、次の3つになります。

(1)企画・人気要素

(2)内部要素

(3)外部要素

◉SEO技術の3大要素

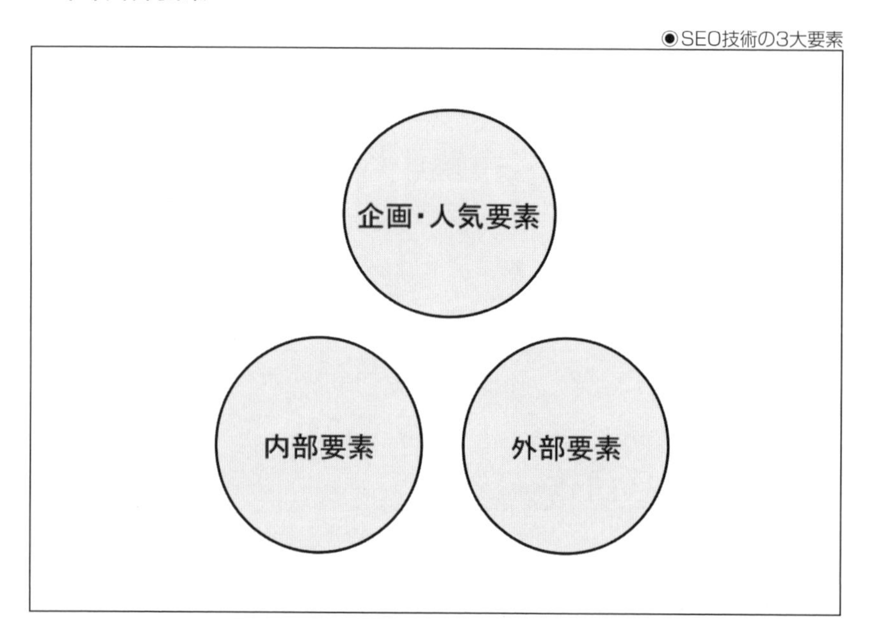

1-1 ◆ 企画・人気要素

これはWebサイトがどのくらいのユーザーに実際に閲覧されているかサイトのトラフィック量(アクセス数)をGoogleが直接的、間接的に測定しており人気の高いWebサイトの検索順位が上がるというメカニズムです。

SEOの最終目標は、自社サイトのトラフィック量を増やして人気サイトに育て上げることです。

人気サイトを作るためには企画力を養う必要があります。良い企画が人気サイトを作る原動力になるため、SEOの成功にはWebの技術だけではなく、ユーザーが求める情報を予測して提供する企画力が求められます。

企画要素には3つの側面があります。

①キーワード調査

検索ユーザーがどのようなキーワードで検索しているのかを調査する方法を学び、定期的に調査をする必要があります。これは企業のマーケティング活動における市場調査と同等の重要性を持つものです。

◉キーワード調査

+ キーワード追加　キーワードをテキスト形式で表示　抽出結果をダウンロード（CSV）

キーワード	競合性	月間検索数	推定平均CPC	推定平均掲載順位	推定クリック率
インプラント		140,000	1,236	1.0	0.83
- PC・タブレット		130,000	809	1.0	0.21
- スマートフォン		13,000	1,337	1.0	2.81
- モバイル		-	-	-	-
歯科		83,000	390	1.0	1.82
- PC・タブレット		67,000	329	1.0	1.63
- スマートフォン		16,000	553	1.0	2.61
- モバイル		-	-	-	-
矯正		21,000	530	1.0	1.11
- PC・タブレット		12,000	529	1.0	1.27
- スマートフォン		9,400	535	1.0	0.65
- モバイル		-	-	-	-
矯正歯科		100,000	745	1.0	0.90
- PC・タブレット		100,000	730	1.0	0.82
- スマートフォン		4,400	828	1.0	1.88
- モバイル		-	-	-	-

②目標キーワードの設定

キーワード調査を行って、検索ユーザーが検索するキーワードがわかったら、それを自社サイトのどのページがそのキーワードで検索したときに上位表示させるのかを決める必要があります。これを目標キーワードの設定と呼びます。

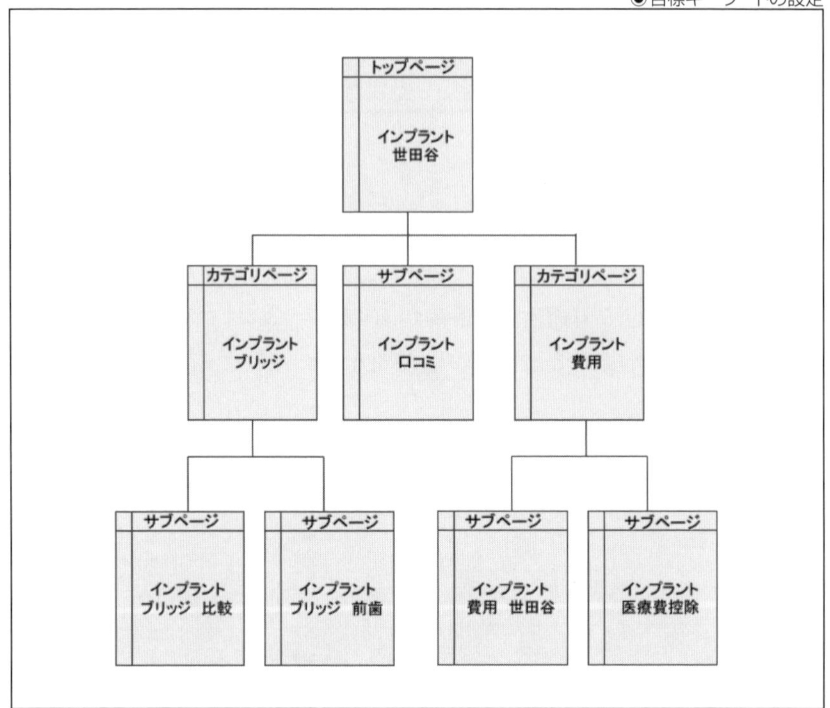

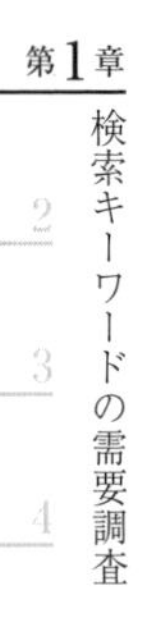

③サイトテーマの決定

自社サイトを効率的に上位表示させるためには、自社サイトのテーマを目標キーワードに沿ったものにすることが効果的です。

たとえば、洋服を販売している会社でTシャツというキーワードで上位表示を効率的に行うならば、Tシャツだけを売っているTシャツの専門店にした方がさまざまな種類の洋服を売っているサイトよりも上位表示しやすい傾向があるので、サイトテーマをTシャツの専門店にしたほうが有利になります。

1-2 ◆ 内部要素

内部要素には次の2つの側面があります。

①技術要因

技術的な要因というのはタグの使い方、タグの中にどのようにキーワードを書くか、そしてWebページの中に何回、何%キーワードを書くかなどがあります。

②コンテンツ要因

コンテンツ要因というのはコンテンツの量と質、特にコンテンツの独自性があるかどうかという情報の品質面の要因です。

1-3 ◆ 外部要素

外部要素には、次の3つがあります。

(1)リンク元の数と質
(2)ソーシャルメディアからの流入
(3)サイテーション

本書では、これらのうち、SEO検定3級の出題範囲である企画要素における目標キーワードの選定と内部要素における技術的要因について解説します。

検索キーワードの需要を調べる

企画・人気要素の1つ目の重要ポイントは、検索ユーザーがどのようなキーワードで検索しているかを知ることです。それを知ることは人気キーワードを知ることであり、それはそのまま人気サイトを作るためのコンテンツ企画の手がかりになるからです。

2-1 ◆ コンテンツの供給状況を知る方法

インターネットのユーザーは自分が探している情報を見つけるために検索エンジンにキーワードを入力して検索をします。

その検索キーワードをテーマにしたWebページがたくさんある場合は、自社サイトのWebページが上位表示する確率は低くなります。検索エンジン内に該当するWebページがたくさんあるために競争率が高くなるからです。反対に、該当するWebページ数が少ない場合は競争率が低くなり、自社のWebページが上位表示する確率は高まります。

たとえば、「交通事故　過失割合」という検索キーワードをGoogleで検索すると該当するWebページ数は約426,000件と表示されます。

◉「交通事故 過失割合」の検索結果

さらに、その検索キーワードに「歩行者」という言葉を追加し、「交通事故　過失割合　歩行者」という検索キーワードで検索すると該当するWebページ数は減少し、約86,900件と表示されます。

◉「交通事故 過失割合 歩行者」の検索結果

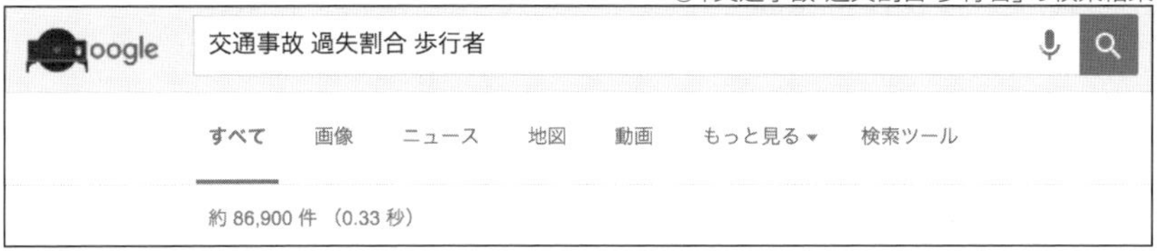

Google
交通事故 過失割合 歩行者
すべて 画像 ニュース 地図 動画 もっと見る▾ 検索ツール
約 86,900 件 (0.33 秒)

これは、「交通事故　過失割合」をテーマにしたWebページの数は多く、「交通事故　過失割合　歩行者」をテーマにしたWebページの数はそれに比べると少ないということです。

ということは「交通事故　過失割合」をテーマにしたWebページを作ったとしても「交通事故　過失割合」というキーワードで上位表示するのは困難な可能性が高く、該当ページ数が少ない「交通事故　過失割合　歩行者」をテーマにしたWebページを作ったほうが上位表示しやすく、自社のWebページが検索ユーザーの目に触れやすくなりサイトの集客に貢献する可能性が高いことを意味します。

2-2 ◆ 検索ユーザーが検索するキーワードを知る方法

しかし、いくら該当するページ数が少なく競争率が低いとしても、「交通事故　過失割合　歩行者」というキーワードで検索するユーザーがほとんどいなければ上位表示をしたとしてもサイトの集客には役立ちません。

最も効率が良いのは、検索数が多いキーワードであり、該当するページ数が少ないキーワードを見つけることです。つまり需要が高くて供給が少ないものを見つけることです。

Googleは検索回数がどのくらいあるのか、そのデータを無償で公開しています。検索回数だけではなく、その検索キーワードに関連する関連キーワードは何かも公開しています。これらのデータはGoogleキーワードプランナーを使うと見ることができます。

 Googleキーワードプランナー

3-1 ◆ 最も広く使われているキーワード調査ツール

検索ユーザーがどのようなキーワードで検索しているかを知る方法はいくつかありますが、最もポピュラーな方法がGoogleキーワードプランナーを使うことです。

- Googleキーワードプランナー
  URL https://ads.google.com/intl/ja_jp/home/tools/keyword-planner/

Googleキーワードプランナーは、Google広告のユーザーになると無料で利用することができます。

◉Googleキーワードプランナー

Googleキーワードプランナーにログインしてから画面上にある「新しいキーワードの選択と検索ボリュームの取得」の項目にある「新しいキーワードの選択と検索ボリュームの取得」をクリックし、「宣伝する商品やサービス」という入力欄に調べたいキーワードを入力して画面下にある「候補を取得」というボタンをクリックします。

そうすると下図のように月間検索数の推移のグラフが表示されます。このグラフを見ることで、その検索キーワードの検索数が増加傾向にあるのか、減少傾向にあるのか、あるいは横ばいなのかがわかります。

検索キーワードの検索回数は季節的な要因がありますが、極端に検索数が減少しているキーワードよりも検索数が安定しているか、上昇基調にあるキーワードでの上位表示を狙うほうが集客により貢献することがあります。

◉月間検索数の推移

Google 広告 キーワード プラン
検索
レポート
ツールと設定
381-8
suzuki
1/2 どの広告も掲載されていません - キャンペーンおよび広告グループは停止中であるか削除されています。有効にすると広告が表示されるようになります。
キーワード候補
分類済みの候補
プランの概要
広告グループ
キーワード
地域
地域: 日本 言語: 日本語 検索ネットワーク: Google 過去 12 か月 2019年2月〜2020年1月
交通事故 過失割合
検索結果を増やせるよう、キーワードを変更してみましょう 編集
検索結果を拡張: + 交通 事故 + 過失 割合 + 事故の法則 + 衝突 過失 割合 + トラック 事故 過失 割合
アダルト向けの候補を除外 フィルタを追加 26 個のキーワード候補を使用できます
表示項目
キーワードを見
すべて展開
ブランド関連または
Non-Brands

キーワード（関連性の	月間平均検索ボリューム	競合性	広告インプレッ	ページ上部に掲	ページ上部に掲	アカウントのス
指定されたキーワード						
交通 事故 過...	1000〜1万	低	–	¥166	¥384	
キーワード候補						
自賠責 過失 ...	100〜1000	低	–	¥324	¥433	
自賠責 保険 ...	100〜1000	低	–	¥305	¥433	
駐車 場内 の ...	10〜100	中	–	¥100	¥379	
駐 車場 過失 ...	10〜100	低	–	¥210	¥384	
自賠責 過失 ...	10〜100	低	–	–	–	

さらにグラフのすぐ下にある「ダウンロード」というボタンをクリックすると、CSV形式のファイルをダウンロードできます。それを表計算ソフトで開くと、次のような重要情報を知ることがことます。

(1)関連キーワード

(2)各関連キーワードの平均月間検索数

(3)各関連キーワードの競合性(競争率)

(4)各関連キーワードのGoogle広告の推奨入札金額

◉ダウンロードのボタン

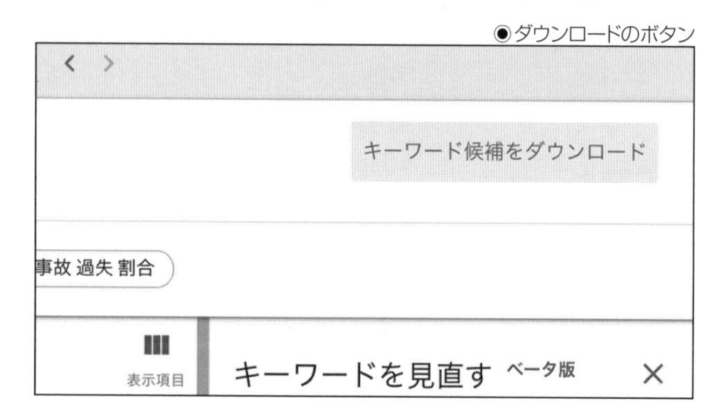

◉ダウンロードしたデータ

Keyword Stats 2020-03-10 at 23_53_41						
2019/02/01 - 2020/01/31						
Keyword	Currency	Avg. monthly	Min search volume	Max search volume	Competition	Competition
交通 事故 過失 割合	JPY	該当なし	1,000	10,000	低	31
自賠責 過失 割合	JPY	該当なし	100	1,000	低	9
自賠責 保険 過失 割合	JPY	該当なし	100	1,000	低	17
駐車 場内 の 事故 過失 割合	JPY	該当なし	10	100	中	36
駐 車場 過失 割合	JPY	該当なし	10	100	低	10
自賠責 過失 相殺	JPY	該当なし	10	100	低	1
巻き込み 事故 過失 割合	JPY	該当なし	10	100	低	23
過失 相殺 例	JPY	該当なし	10	100	低	11
駐 車場 の 事故 過失 割合	JPY	該当なし	10	100	低	27
自賠責 慰謝 料 過失 割合	JPY	該当なし	10	100	低	17
駐車 場内 過失 割合	JPY	該当なし	10	100	低	11
駐 車場 で の 事故 割合	JPY	該当なし	10	100	低	5
自賠責 保険 過失 相殺	JPY	該当なし	10	100	低	6
過失 保険	JPY	該当なし	10	100	低	24
出会い頭 事故 事例	JPY	該当なし	10	100	低	5
コンビニ 駐 車場 事故 過失 割合	JPY	該当なし	10	100	低	27
事故 過失 相殺	JPY	該当なし	10	100	低	8
共同 不法 行為 過失 割合	JPY	該当なし	10	100	低	2
交通 事故 弁護士 過失 割合	JPY	該当なし	10	100	高	87
駐車 場内 事故 過失	JPY	該当なし	10	100	低	10

3-2 ◆ 関連キーワード

Googleでキーワードを入力して検索したユーザーが、他に検索した関連性が高いキーワードを関連キーワードと呼びます。たとえば、Googleキーワードプランナーに「交通事故 過失割合」というキーワードを入れて検索すると、次のような関連キーワードが表示されます。

- 自賠責 過失 割合
- 駐車場内 の 事故 過失 割合
- 自賠責 過失 相殺
- 過失 相殺 例
- 自賠責 慰謝 料 過失 割合
- 駐車場 で の 事故 割合
- 過失 保険
- 自賠責 保険 過失 割合
- 駐車場 過失 割合
- 巻き込み 事故 過失 割合
- 駐車場 の 事故 過失 割合
- 駐車場内 過失 割合
- 自賠責 保険 過失 相殺

Google キーワードプランナーが表示する関連キーワードには「交通事故 過失割合」というキーワードを含むものだけではなく、そのキーワードで検索したユーザーが一定期間内に「交通事故 過失割合」というキーワードを含まなくても関連性が高いと思われるキーワードも表示されるため、幅広い可能性のあるキーワードを見ることができます。それによって検索ユーザーの心の中を垣間見ることができるのです。

3-3 ◆ 各関連キーワードの平均月間検索数

それら関連キーワードの右横には、おおよその平均の最低月間検索数(Min search volume)と最高月間検索数(Max search volume)があります。

たとえば「自賠責 過失 割合」は毎月平均100回から1,000回検索されており、「駐車場 過失 割合」は10 回から100回しか検索されていません。

※細かな月間検索数は2016年より一定の広告を出稿中のユーザーでないと「1万～10万」というようなおおよその数値だけしか見られなくなりました。

◉平均の最低月間検索数と最高月間検索数

3	Keyword	Currency	Avg. monthly	Min search volume	Max search volume	Competition
4	交通 事故 過失 割合	JPY	該当なし	1,000	10,000	低
5	自賠責 過失 割合	JPY	該当なし	100	1,000	低
6	自賠責 保険 過失 割合	JPY	該当なし	100	1,000	低
7	駐車 場内 の 事故 過失 割合	JPY	該当なし	10	100	中
8	駐 車場 過失 割合	JPY	該当なし	10	100	低
9	自賠責 過失 相殺	JPY	該当なし	10	100	低
10	巻き込み 事故 過失 割合	JPY	該当なし	10	100	低
11	過失 相殺 例	JPY	該当なし	10	100	低
12	駐 車場 の 事故 過失 割合	JPY	該当なし	10	100	低

これは、一見すると「自賠責　過失　割合」のほうが「駐車場　過失　割合」よりも10倍以上検索されているので、見込み客を集客する値打ちのあるキーワードのように感じるかもしれません。しかし、平均月間検索数が多いほうが少ないものよりも値打ちがあると単純に解釈するのはよくあるミスです。

なぜなら、そのキーワードで検索をするユーザー全員が購買意欲があるというわけではないからです。検索をするユーザーの中には論文を書くためにGoogleを使って調査をしている学生がいるかもしれませんし、社内のプレゼン資料を作ろうと情報を集めている会社員がいるかもしれないからです。

月間検索数の多さに左右されるのではなく、その検索キーワードを自社の見込み客が検索するのか、お金を使う人が検索するキーワードかどうかは自らの経験と洞察力を磨いて判断する必要があります。

短絡的に月間検索数が多いキーワードで上位表示を目指しても、競合他社のSEO担当者もGoogleキーワードプランナーを見ることができるので、彼らも同じキーワードで上位表示を目指している可能性があります。しかも、競合他社が何年も前から上位表示を目指して多くのSEOを施している場合、そうやすやすと彼らの順位を抜くことはできません。

そうなるといつになっても上位表示が出来ないキーワードばかりを目標化することになり、SEOそのものに対して嫌気が差すだけではなく、その間得られるはずの自社サイトへの訪問者数を失うことになり大きな機会損失を被ることになります。

ですので、平均月間検索数が多いキーワードばかりを狙うのではなく、中くらいのものや少ないものも目標化して全体としてバランスのとれた目標を設定することがSEO 成功の重要ポイントになります。

3-4 ◆ 各関連キーワードの競合性(競争率)

平均月間検索数の右横には競合性(競争率)が表示されています。競合性は100が最大値で最もGoogle広告の入札において競争率が高く高額な費用がかかることを意味します。

競争率の高いキーワードを避けようとする場合はこの数値が高いものは避けるようにしてください。

◉競合性

Min search volume	Max search volume	Competition	Competition (indexed value)
1,000	10,000	低	31
100	1,000	低	9
100	1,000	低	17
10	100	中	36
10	100	低	10
10	100	低	1
10	100	低	23
10	100	低	11

3-5 ◆ 各関連キーワードのGoogle広告の推奨入札金額

さらにその横には各関連キーワードのGoogle広告の推奨入札金額も表示されるので上位表示を目指す際に高額な競争率の高いキーワードを事前に避けるための手がかりになります。

◉【例】1列目のキーワードの推奨入札金額は166円〜384円の範囲

Competition (indexed value)	Top of page bid (low range)	Top of page bid (high range)
31	166	384
9	324	433
17	305	433
36	100	379
10	210	384

Google検索キーワード予測

4-1 ◆ キーワード予測とは?

キーワード予測とは、検索エンジンのキーワード入力欄に何らかのキーワードを入れると、そのキーワードを核にした複合キーワードを検索エンジンが自動的に複数表示するユーザーを補助する機能です。

キーワードサジェストとも呼ばれ、ユーザーがより短時間で探している情報を見つけやすいように補助するものです。通常、上の方から順番に検索数が多いものが表示されるようになっています。

Yahoo! JAPANはGoogleの検索データを使っていますが、Yahoo! JAPAN上で検索されるキーワードは独自に集計しており、Yahoo! JAPAN独自のものが表示されます。また、Yahoo! JAPANやGoogleとは提携関係がなく、独自で検索エンジンを運営しているMicrosoftのBingにはBing独自のキーワード予測データが表示されます。

◉キーワード予測(Google)

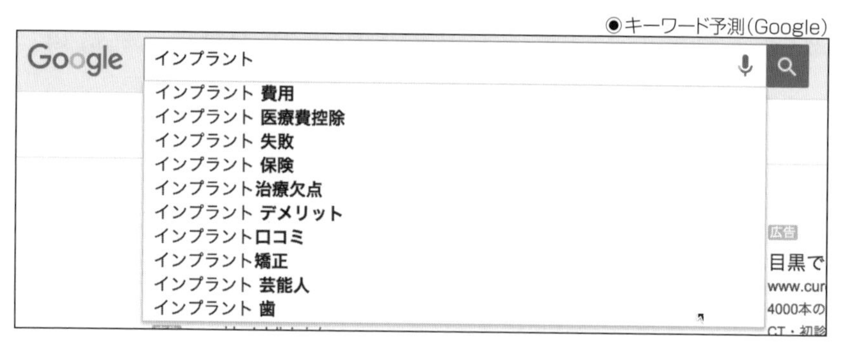

◉キーワード予測(Yahoo! JAPAN)

●キーワード予測(Bing)

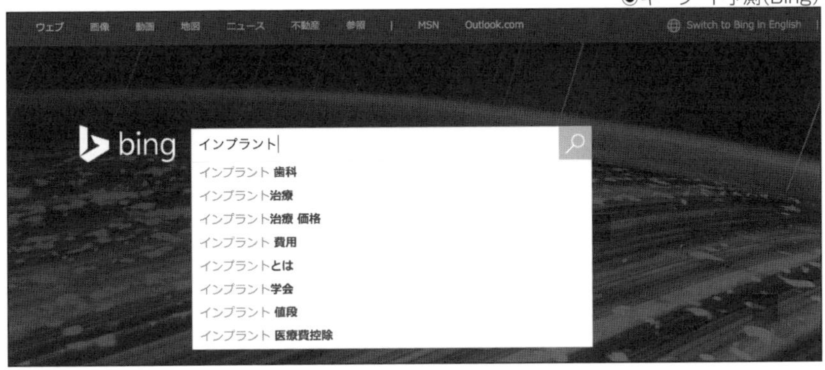

4-2 ◆ キーワード予測データを一括取得するソフト

検索ユーザーが検索している複合キーワードが表示されるキーワード予測データはSEO担当者にとって非常に便利なツールですが、表示されるデータをコピーすることはできず、また、たくさんのパターンを一気に表示することはこれら検索エンジン上ではできません。

こうした問題を解決するソフトとして多くのSEO担当者が利用するツールがキーワード予測データを一括取得するソフトです。

①Keyword Tool

Googleのキーワード予測機能で表示されるキーワード候補を1回の操作で一度に表示させ、CSVでまとめてダウンロードできるツールです。検索数が多い最新の複合キーワード調査や、Webサイトのコンテンツ作成時のヒントになります。

- Keyword Tool
  URL https://keywordtool.io

●Keyword Tool

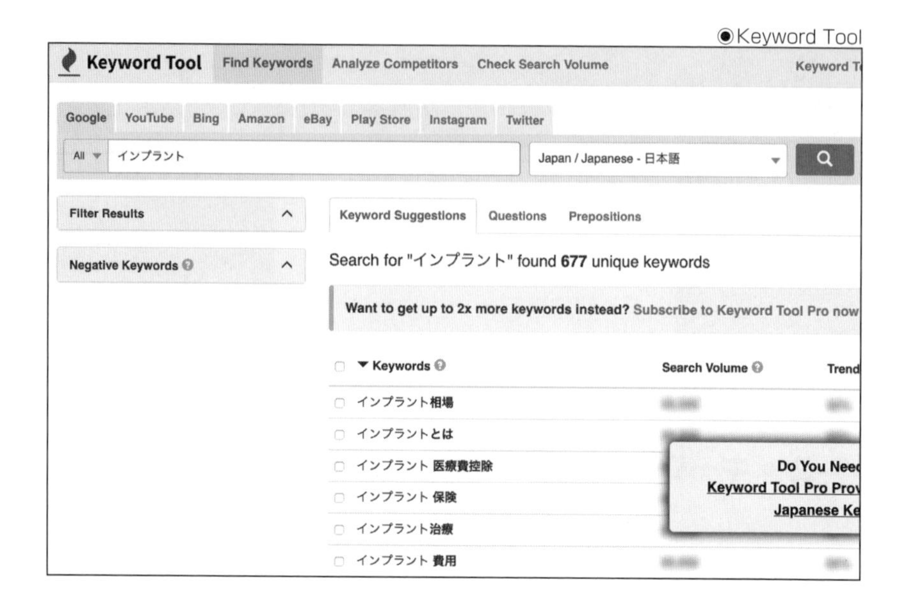

②ラッコキーワード

ラッコキーワードはGoogleのほか、Bingのデータも取得できて非常に快適に動くソフトです。物販に関するキーワードは楽天やアマゾンの検索データも取得することができます。

- ラッコキーワード

  URL https://related-keywords.com/

●ラッコキーワード

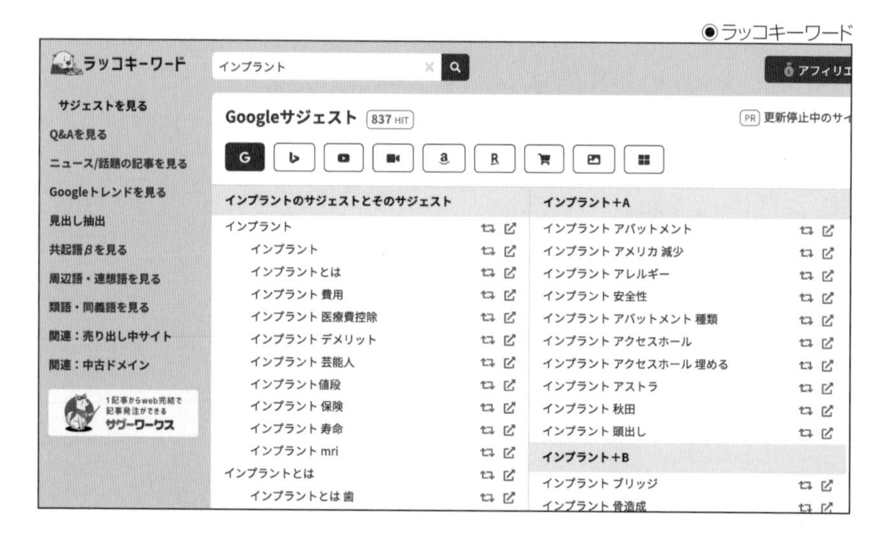

 その他のデジタルツール

5-1 ◆ Yahoo!キーワードアドバイスツール

Yahoo! JAPANも、独自収集している検索されたキーワードをGoogleキーワードプランナーと似た形で公開しています。利用するにはYahoo! JAPANビジネスID(無料取得可)が必要です。

◉Yahoo!キーワードアドバイスツール

＋キーワード追加　キーワードをテキスト形式で表示　抽出結果をダウンロード（CSV）

キーワード	競合性	月間検索数	推定平均CPC	推定平均掲載順位	推定クリック率	推定インプレッション数（日）	推定クリック数（日）	推定コスト（日）
インプラント		140,000	1,236	1.0	0.83	24,129	199	245,885
- PC・タブレット		130,000	809	1.0	0.21	18,385	38	30,793
- スマートフォン		13,000	1,337	1.0	2.81	5,743	161	215,092
- モバイル		-	-	-	-	-	-	-
歯科		83,000	390	1.0	1.82	13,958	253	98,736
- PC・タブレット		67,000	329	1.0	1.63	11,315	184	60,603
- スマートフォン		16,000	553	1.0	2.61	2,643	69	38,133
- モバイル		-	-	-	-	-	-	-
矯正		21,000	530	1.0	1.11	7,952	88	46,498
- PC・タブレット		12,000	529	1.0	1.27	5,881	74	39,320
- スマートフォン		9,400	535	1.0	0.65	2,071	13	7,178
- モバイル		-	-	-	-	-	-	-
矯正歯科		100,000	745	1.0	0.90	7,698	69	51,205
- PC・タブレット		100,000	730	1.0	0.82	7,121	58	42,222
- スマートフォン		4,400	828	1.0	1.88	577	11	8,982
- モバイル		-	-	-	-	-	-	-
歯医者		52,000	525	1.0	1.13	5,488	62	32,495
- PC・タブレット		30,000	537	1.0	0.61	3,885	23	12,528
- スマートフォン		22,000	518	1.0	2.41	1,603	39	19,967
- モバイル		-	-	-	-	-	-	-
矯正 歯		5,900	839	1.0	1.33	5,320	71	59,312
- PC・タブレット		2,100	1,670	1.0	0.51	3,472	18	29,233
- スマートフォン		3,800	565	1.0	2.88	1,849	53	30,079
- モバイル		-	-	-	-	-	-	-
歯科医院		13,000	313	1.0	1.47	5,130	75	23,472
- PC・タブレット		9,800	310	1.0	1.35	4,382	59	18,287
- スマートフォン		2,800	322	1.0	2.16	748	16	5,185
- モバイル		-	-	-	-	-	-	-
大阪 インプラント		78,000	655	1.0	0.71	4,665	33	21,496
- PC・タブレット		78,000	654	1.0	0.70	4,639	32	20,978

Googleキーワードプランナーに比べると、検索ユーザーの属性や検索数の推移、PCユーザーとスマートフォンユーザーの内訳などがビジュアルでわかりやすく表示されるのが特徴です。

◉Yahoo!キーワードアドバイスツールのグラフなど

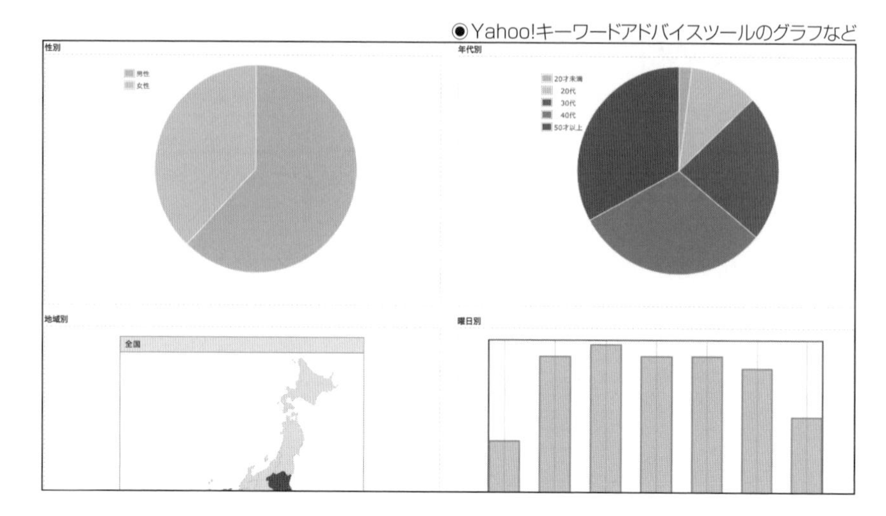

5-2 ◆ 質問掲示板

Yahoo!知恵袋や、教えて! gooなどの質問掲示板に心当たりのキーワードで検索すると、見込み客がどのような言葉遣いをしているかを調べることができます。

関連キーワードが直接表示されるわけではなく、文章から拾う必要がありますが、手間をかければたくさんの関連キーワードを発見することができる便利なツールです。

- Yahoo!知恵袋

URL http://chiebukuro.yahoo.co.jp

◉Yahoo!知恵袋

インプラント 痛み

投票受付中 - 更新日時:2015/12/13 02:08:18 - 回答数：2 - 閲覧数：88

健康、美容とファッション > 健康、病気、病院 > デンタルケア

インプラントを数本入れましたが、煙草のヤニで普通の歯より黄ばみが付きや...

付きやすいです。 何か有効な歯磨き剤あつたら教えてください。

回答受付中 - 更新日時:2016/01/24 12:23:13 - 回答数：1 - 閲覧数：0

健康、美容とファッション > 健康、病気、病院 > デンタルケア

インプラントの値段

200万、、、

解決済み - 更新日時:2015/12/19 03:51:29 - 回答数：1 - 閲覧数：245

健康、美容とファッション > 健康、病気、病院 > デンタルケア

◉教えて!goo

5-3 ◆ 過去のメールによるお問合せ内容

これまでお問合せフォームやメールソフトから顧客が送信したお問合せ内容を読み返すと、そこに検索ユーザーが検索する可能性があるキーワードが見つかることがあります。メールの文章には顧客が探しているものがズバリ書かれていることがあるので、定期的に読み返すと思わぬ発見が期待できます。

5-4 ◆ ポータルサイト・人気サイトのカテゴリ名称

人気ポータルサイトや大手ショッピングモールには考え抜かれたユーザー視点のキーワードがテキストリンク上に書かれていることが多いものです。そこを観察すると、ユーザーが検索しそうなキーワードを発見できることがあります。

◉カテゴリ名称の例1

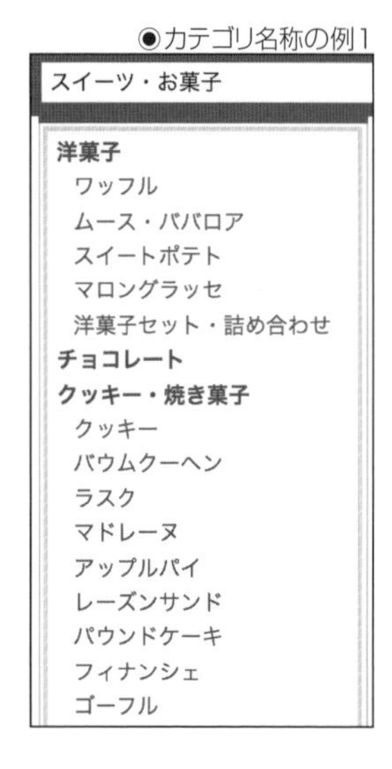

スイーツ・お菓子
洋菓子
ワッフル
ムース・ババロア
スイートポテト
マロングラッセ
洋菓子セット・詰め合わせ
チョコレート
クッキー・焼き菓子
クッキー
バウムクーヘン
ラスク
マドレーヌ
アップルパイ
レーズンサンド
パウンドケーキ
フィナンシェ
ゴーフル

◉カテゴリ名称の例1

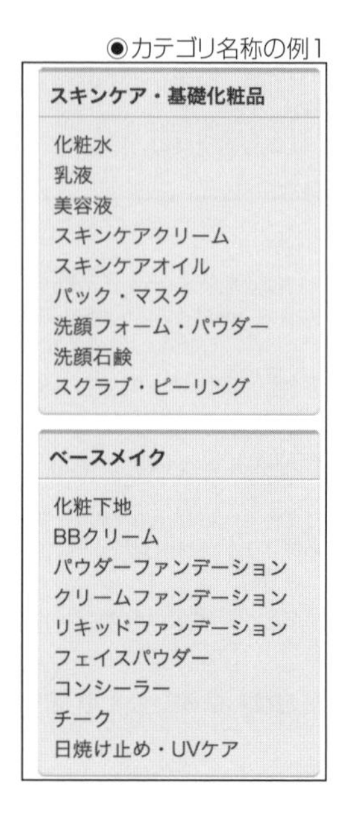

スキンケア・基礎化粧品
化粧水
乳液
美容液
スキンケアクリーム
スキンケアオイル
パック・マスク
洗顔フォーム・パウダー
洗顔石鹸
スクラブ・ピーリング
ベースメイク
化粧下地
BBクリーム
パウダーファンデーション
クリームファンデーション
リキッドファンデーション
フェイスパウダー
コンシーラー
チーク
日焼け止め・UVケア

◉カテゴリ名称の例1

借金・債務整理
債務整理 自己破産 過払い
ブラックリスト
グレーゾーン ヤミ金
消費者金融
インターネット
削除要求 誹謗中傷 名誉毀損
ワンクリック詐欺
出会い系被害
アダルトサイト わいせつ
労働
セクハラ パワハラ 給料
退職 転勤・転職 労災認定
労働基準監督署
国際・外国人問題
ビザ 留学 奨学金 旅行会社
海外の法律

5-5 ◆ 類義語辞典

自分が上位表示を目指しているキーワードと意味が似ている類義語を調べると、思わぬキーワードが見つかることがあります。

- Weblio類語辞典

  URL http://thesaurus.weblio.jp/

◉Weblio類語辞典

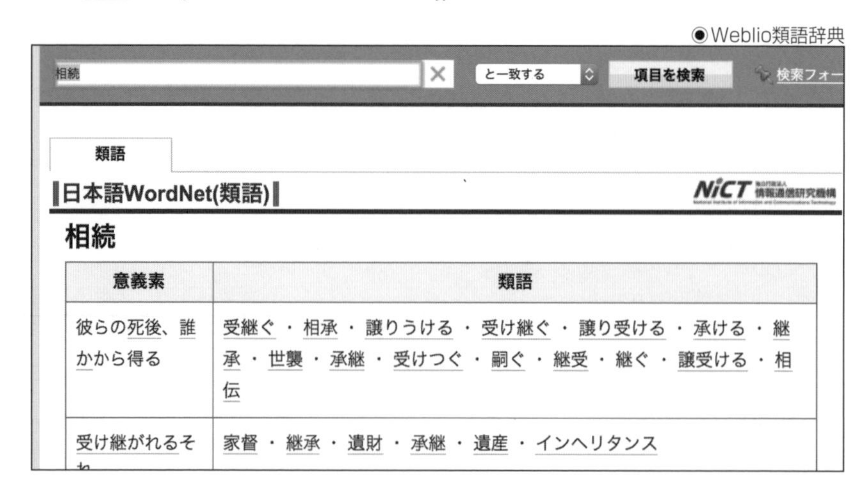

5-6 ◆ 共起語ツール

共起語ツールを使うと、入力したキーワードが書かれているWebページで他にどのようなキーワードが頻出するかをGoogleの検索結果上位50サイトから抽出した頻出キーワードを知ることができます。これを見れば、他のどのようなキーワードを狙うといいかの参考になります。

- 共起語検索

URL http://neoinspire.net/cooccur/

◉共起語検索

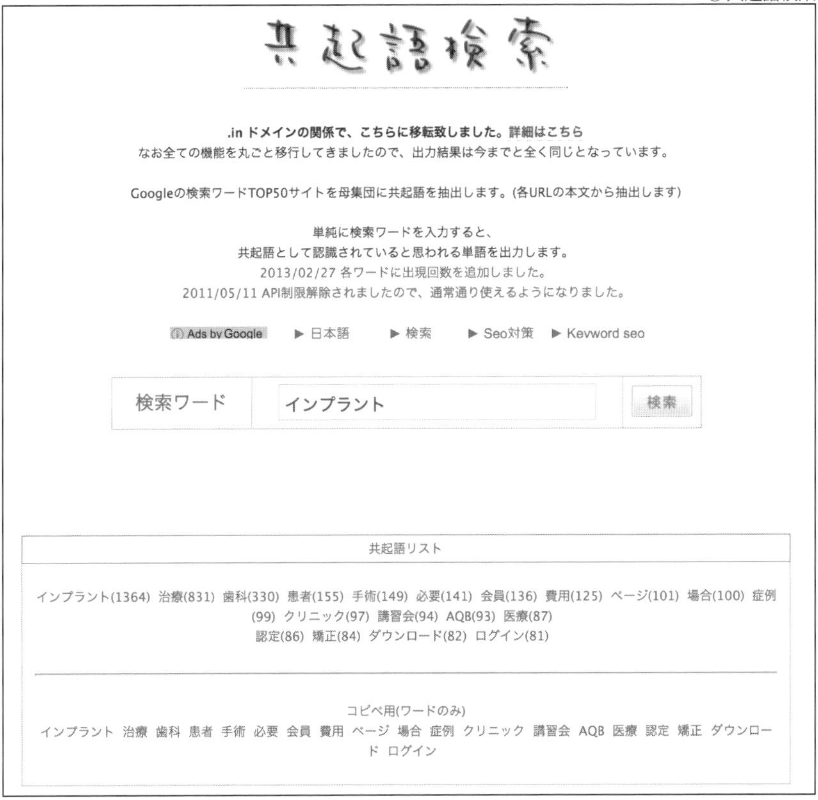

共起語検索
.in ドメインの関係で、こちらに移転致しました。詳細はこちら
なお全ての機能を丸ごと移行してきましたので、出力結果は今までと全く同じとなっています。
Googleの検索ワードTOP50サイトを母集団に共起語を抽出します。(各URLの本文から抽出します)
単純に検索ワードを入力すると、
共起語として認識されていると思われる単語を出力します。
2013/02/27 各ワードに出現回数を追加しました。
2011/05/11 API制限解除されましたので、通常通り使えるようになりました。
Ads by Google
▶ 日本語
▶ 検索
▶ Seo対策
▶ Keyword seo
検索ワード
インプラント
検索
共起語リスト
インプラント(1364) 治療(831) 歯科(330) 患者(155) 手術(149) 必要(141) 会員(136) 費用(125) ページ(101) 場合(100) 症例(99) クリニック(97) 講習会(94) AQB(93) 医療(87) 認定(86) 矯正(84) ダウンロード(82) ログイン(81)
コピペ用(ワードのみ)
インプラント 治療 歯科 患者 手術 必要 会員 費用 ページ 場合 症例 クリニック 講習会 AQB 医療 認定 矯正 ダウンロード ログイン

5-7 ◆ 検索結果ページの自然検索欄・広告欄

GoogleやYahoo! JAPANで心当たりのキーワードを入れて表示される検索結果ページの広告欄、自然検索結果欄を見ると競合他社がどのようなキーワードを狙っているかがわかり、たくさんの参考になるキーワードを見つけることができます。

下図は、Yahoo! JAPANで「接骨院 横浜」というキーワードで検索した検索結果ページですが、そこには「接骨院 横浜」以外にも、整骨院、スポーツ外傷、鍼灸治療、交通事故対応、労災などの見込み客が検索しそうなキーワードが多数見つかります。

●「接骨院 横浜」の検索結果

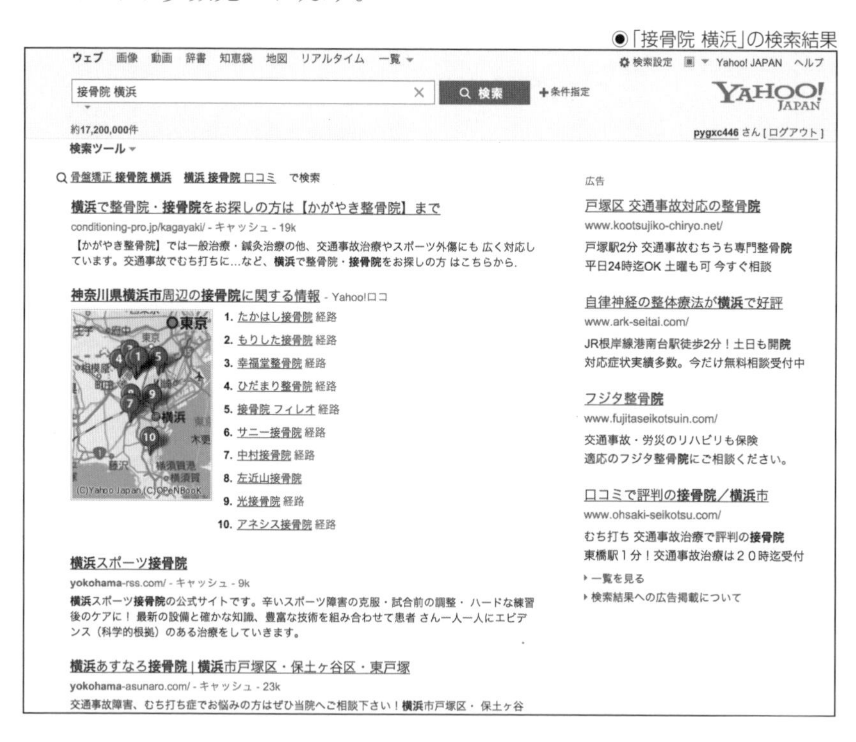

5-8 ◆ 競合サイトのソース

さらに、検索結果ページに表示されているサイトへのリンクをクリックしてリンク先のWebページのソースを見ると、そこには競合他社が意識的にページ内に書き込んで上位表示を目指しているキーワードが多数、見つかることがあります。

◉ソースの例

```
9  <title>横浜スポーツ接骨院｜スポーツ障害に横浜スポーツ接骨院</title>
10 <meta name="description" content="横浜スポーツ接骨院の公式サイトです。辛いスポーツ障害の克服・試合前の調整・ハードな練習後のケアに！　最新の設備と確かな
   知識、豊富な技術を組み合わせて患者さん一人一人にエビデンス（科学的根拠）のある治療をしていきます。" />
11 <meta name="keywords" content="横浜スポーツ接骨院,スポーツ障害,横浜,接骨院" />
12 <link href="components/css/default.css" rel="stylesheet" type="text/css" />
13 <style type="text/css">
14 </style>
15 </head>
16 <body>
17 <div id="all_frame">
18         <div id="top_frame">
19             <div id="header_index_top">
20               <h1>スポーツ障害に強い横浜スポーツ接骨院</h1>
21               <p><img src="components/img/top_p_01.jpg" width="920" height="454" alt="横浜スポーツ接骨院トップイメージ" /></p>
22             </div>
23             <div id="body_meintenance">
24               <p><img src="components/img/top_p_03.gif" width="920" height="52" alt="横浜スポーツ接骨院BodyMeintenance" /></p>
25             </div>
26             <div id="top_nav">
27               <ul class="link">
28                 <li><a href="index.html">HOME</a></li>
29                 <li><a href="youkoso.html">ようこそ横浜スポーツ接骨院へ</a></li>
30                 <li><a href="sejyutsu.html">施術の流れ</a></li>
31                 <li><a href="noukousoku.html">脳梗塞・ケガなどの麻痺に</a></li>
32                 <li><a href="ryoukin.html">料金について</a></li>
33                 <li class="right_wing"><a href="q+a.html">Q & A</a></li>
34               </ul>
35             </div>
```

5-9 ◆ アクセス解析ログ

Googleアナリティクスを始めとするアクセス解析ログを見ると、実際に自社サイトに検索エンジンからどのようなキーワードで訪問者が検索して来訪したかがわかります。

検索ユーザーが検索エンジンで検索して自社サイトへの流入に繋がったキーワードを流入キーワードと呼びます。Googleアナリティクスで流入キーワードを調べるには、Googleアナリティクスにログインして画面の左側に表示されるサイドメニューにある「集客」→「すべてのトラフィック」→「チャンネル」をクリックしてください。

◉チャンネル

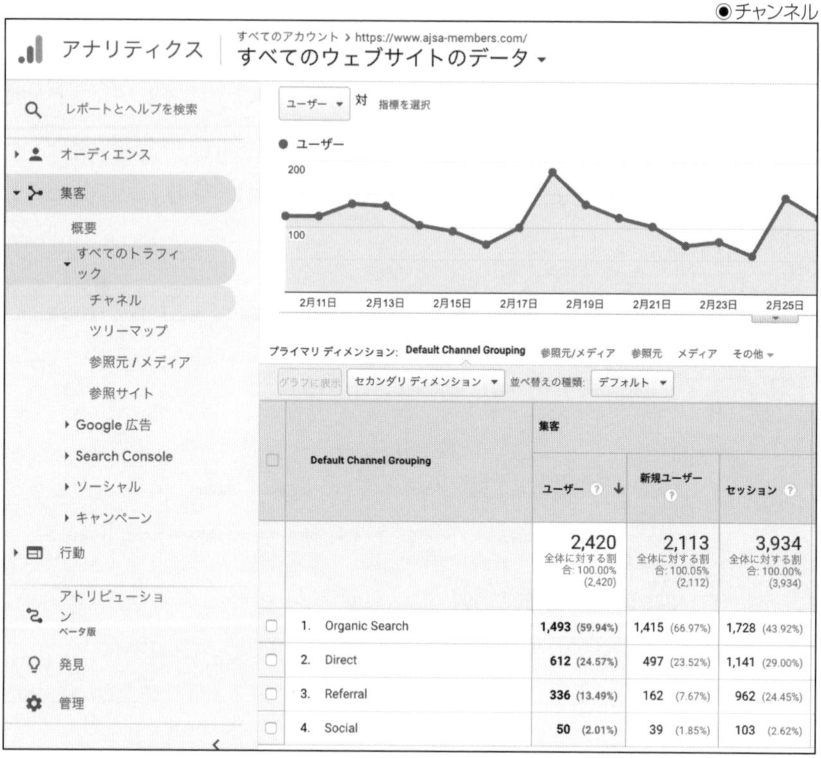

Default Channel Grouping	集客 ユーザー	新規ユーザー	セッション
	2,420 全体に対する割合: 100.00% (2,420)	2,113 全体に対する割合: 100.05% (2,112)	3,934 全体に対する割合: 100.00% (3,934)
1. Organic Search	1,493 (59.94%)	1,415 (66.97%)	1,728 (43.92%)
2. Direct	612 (24.57%)	497 (23.52%)	1,141 (29.00%)
3. Referral	336 (13.49%)	162 (7.67%)	962 (24.45%)
4. Social	50 (2.01%)	39 (1.85%)	103 (2.62%)

そして画面中央にある「Organic Search」をクリックすると、下図のように検索エンジンから訪問したユーザーがどのようなキーワードで検索したのか（流入キーワード）が表示されます。

●流入キーワード

アナリティクス
すべてのアカウント > https://www.ajsa-members.com/
すべてのウェブサイトのデータ

レポートとヘルプを検索
オーディエンス
集客
概要
すべてのトラフィック
チャネル
ツリーマップ
参照元 / メディア
参照サイト
Google 広告
Search Console
ソーシャル
キャンペーン
行動
アトリビューション ベータ版

	キーワード	ユーザー	新規ユーザー	セッション	直帰率	ページ/セッション
		1,493 全体に対する割合: 61.69% (2,420)	1,415 全体に対する割合: 67.00% (2,112)	1,728 全体に対する割合: 43.92% (3,934)	84.20% ビューの平均: 57.50% (46.44%)	1.48 ビューの平均: 2.83 (-47.73%)
1.	(not provided)	1,474 (98.60%)	1,396 (98.66%)	1,705 (98.67%)	83.99%	1.49
2.	amazon	5 (0.33%)	5 (0.35%)	5 (0.29%)	100.00%	1.00
3.	フェイスブック 新規ビューとは	3 (0.20%)	3 (0.21%)	3 (0.17%)	100.00%	1.00
4.	facebook 新規ビュー	1 (0.07%)	1 (0.07%)	1 (0.06%)	100.00%	1.00
5.	facebook 新規ビュー 誰か	1 (0.07%)	1 (0.07%)	1 (0.06%)	100.00%	1.00
6.	facebook 新規ビューがありました	1 (0.07%)	1 (0.07%)	1 (0.06%)	100.00%	1.00
7.	Google 質問広場	1 (0.07%)	0 (0.00%)	1 (0.06%)	100.00%	1.00
8.	Google質問広場	1 (0.07%)	1 (0.07%)	1 (0.06%)	100.00%	1.00
9.	https://www.ajsa-members.com/seo/qa/archives/000044.html	1 (0.07%)	1 (0.07%)	3 (0.17%)	100.00%	1.00
10.	iタウンページ 上位	1 (0.07%)	1 (0.07%)	1 (0.06%)	100.00%	1.00
11.	seo対策 ソフト	1 (0.07%)	1 (0.07%)	1 (0.06%)	100.00%	1.00

ただし、近年、Googleは検索結果の情報をSSL化して暗号化したため、Googleからの流入キーワードをGoogleアナリティクス上で見るにはサイト管理者用の無料ツールであるサーチコンソールに自社サイトを登録して連動しないと表示されなくなりました。

●無料ツールの場合

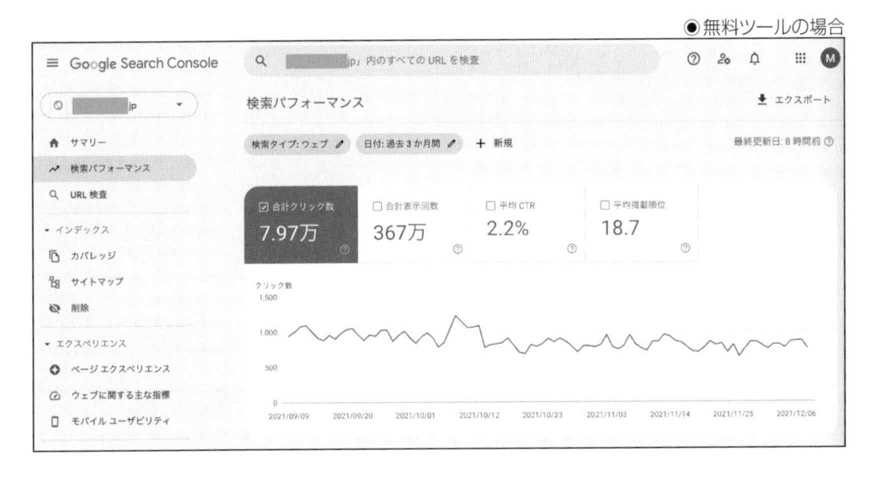

そのため、必ずサーチコンソールに自社サイトを登録して連動するためのデータ統合手続きをするようにしてください。

◉注意書き

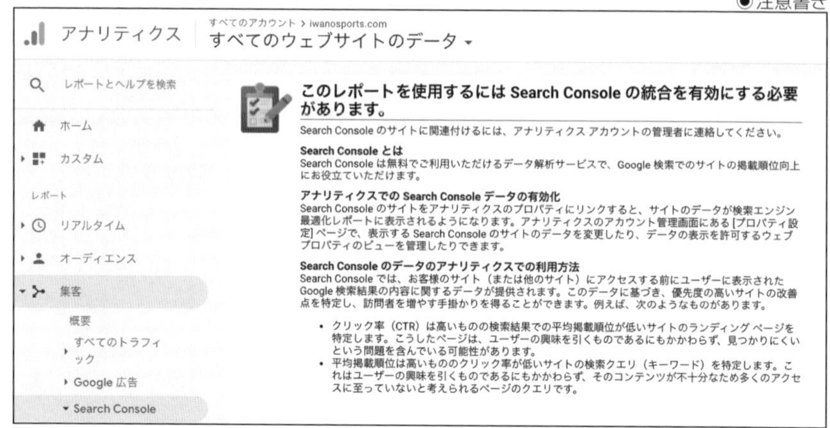

5-10 ◆ サーチコンソールの検索パフォーマンス

Googleアナリティクスの流入キーワードのデータには大きな問題がありました。それはサーチコンソールに自社サイトを登録して連動するためのデータ統合手続きをしても解決できないものでした。

その大きな問題というのは流入キーワードランキングの1位が「not provided」と表示されており、そこに大半の流入キーワードのデータが隠されていたという問題でした。そのため、ほとんどの流入キーワードは何かを誰も知ることができなかったのです。

◉「not provided」

キーワード	集客 セッション
	1,814 全体に対する割合: 37.93% (4,783)
1. (not provided)	1,257 (69.29%)
2. how.to.travel.and.make.money.online.for.free.with.maps.ilovevitaly.com	52 (2.87%)
3. seo セミナー	22 (1.21%)
4. seoセミナー	21 (1.16%)
5. seo対策 セミナー	11 (0.61%)
6. 鈴木将司	10 (0.55%)

インテリジェンス イベント
リアルタイム
ユーザー
サマリー
アクティブ ユーザー
コホート分析ベータ版
ユーザーの分布
インタレスト カテゴリ
地域
行動
ユーザーの環境
モバイル

Googleは、この問題を解決するために、2015年にサーチコンソール内に新しく「検索パフォーマンス」という機能を追加して、これまで秘密のベールに隠されていた「not provided」とだけ表示されていた大量のキーワードを見られるようにしました。

検索パフォーマンスはサーチコンソールにログインをして左サイドメニューにある「検索パフォーマンス」を選択すると利用できます。

このデータを見ると、サイト内の各ページにどのようなキーワードでユーザーが訪問したか、ページごとの流入キーワード(=クエリ)と訪問者数(=クリック数)までわかるようになりました。

●検索パフォーマンス

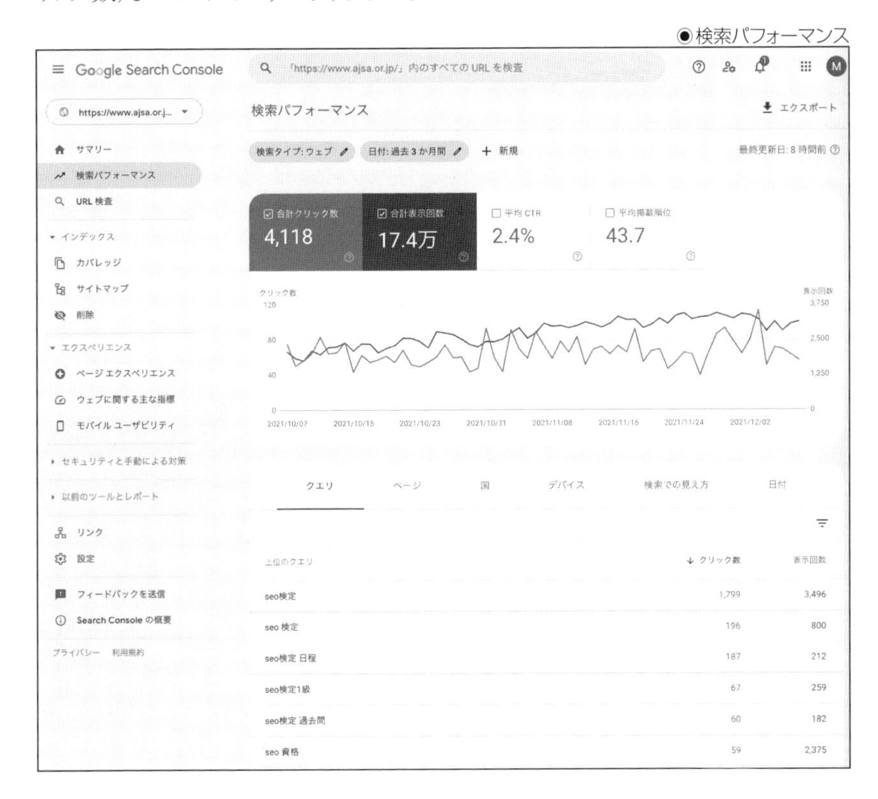

こうしたサーチコンソール内の検索パフォーマンスとGoogleアナリティクスを利用することで、自社サイトに検索エンジンからどのようなキーワードで流入があるかを知ることができます。

流入数が多いキーワードは実際にGoogleで検索すると自社のWebページが上位表示していることがほとんどですが、後少しだけSEOをすることにより順位がさらに上がることが多いので、よりたくさんの流入が期待できます。

また、流入数が少ないキーワードは自社のWebページの順位が低いから流入が少ないことが多いので、そのページの内容を根本的に見直してSEOをすることにより順位が少しでも上がり、より多くのユーザーが自社サイトを訪問することを目指すことができます。

こうしたことを実現するためにも、定期的にサーチコンソール内の検索パフォーマンスとGoogleアナリティクスを利用することをお勧めします。

5-11 ◆ 競合調査ツール

サーチコンソール内の検索パフォーマンスとGoogleアナリティクスを使っても、Googleと同様にSSL化(暗号化)したYahoo! JAPANからの流入キーワードを知ることはできません。この問題は2015年8月にYahoo! JAPANがGoogleに追随して検索結果ページをSSL化したときから発生し、多くのSEO担当者を悩ませることになりました。

この問題は解決不可能ではありません。Googleアナリティクスなどのアクセス解析ログを使わずにYahoo! JAPANからの流入キーワードを知る方法があります。

その方法は競合調査ツールを使うものです。競合調査ツールというのはもともと競合他社のサイトにどのような流入キーワードでユーザーが訪問しているのか、そしてどのようなサイトやソーシャルメディアからユーザーが訪問しているか、そのデータを世界中の検索ユーザーが使用しているパソコンの利用履歴からビッグデータとして収集している企業が提供するソフトのことです。

その代表的な企業がイスラエルのシミラーウェブ社が提供しているシミラーウェブ無料版と、シミラーウェブ有料版です。無料版は上位5件、有料版は上位500件以上の競合他社のサイトや自社サイトのデータを提供しています。

データは世界の有名インターネットサービスプロバイダー（ISP）から購入したネットユーザーの行動履歴や、無数の無料ソフトをインストールしたユーザーの行動履歴などを収集、解析して作られたもので、クッキー技術を使ったGoogleアナリティクスなどのアクセス解析ログでは収集ができないデータまでかなりの精度の高さで記録することができます。

このソフトを使えば自社サイトだけではなく、競合他社のサイトにYahoo! JAPAN、Google、Bingなどの検索エンジンからどのようなキーワードでユーザーが検索して訪問に至ったのかを知ることができます。

そして、競合他社のサイトがどのような検索キーワードで集客しているかを知れば、自社サイトもそうした検索キーワードで上位表示することによりこれまで以上に自社サイトのアクセスを増やすことが目指せるようになります。

◉シミラーウェブ無料版の流入データの例

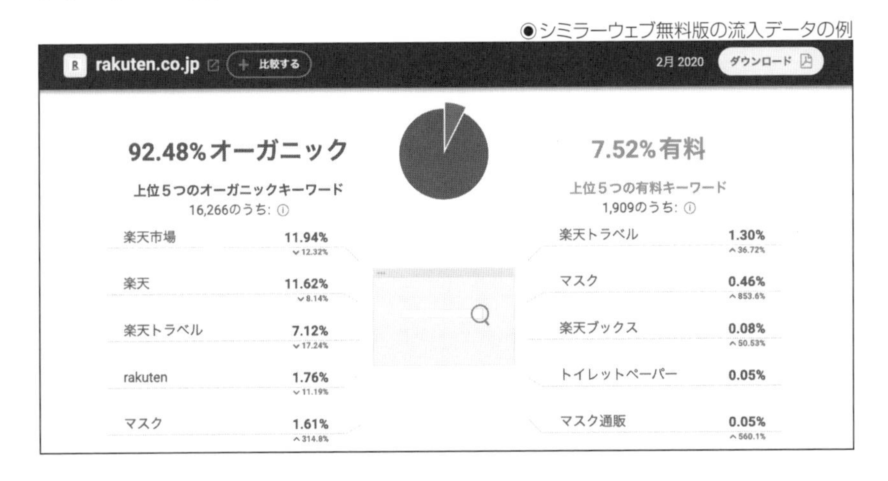

◉シミラーウェブ有料版の流入データの例

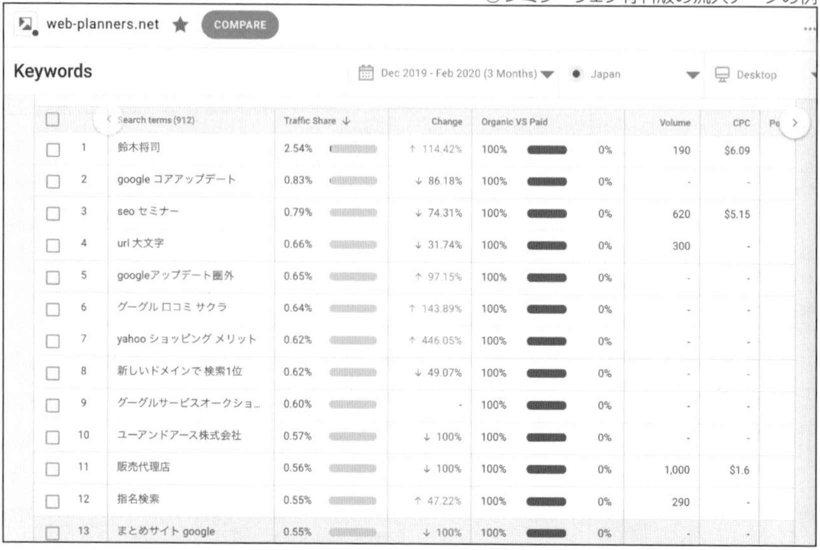

web-planners.net ★ COMPARE

Keywords　Dec 2019 - Feb 2020 (3 Months)　Japan　Desktop

	Search terms (912)	Traffic Share	Change	Organic VS Paid		Volume	CPC
1	鈴木将司	2.54%	↑ 114.42%	100%	0%	190	$6.09
2	google コアアップデート	0.83%	↓ 86.18%	100%	0%	-	-
3	seo セミナー	0.79%	↓ 74.31%	100%	0%	620	$5.15
4	url 大文字	0.66%	↓ 31.74%	100%	0%	300	-
5	googleアップデート圏外	0.65%	↑ 97.15%	100%	0%	-	-
6	グーグル ロコミ サクラ	0.64%	↑ 143.89%	100%	0%	-	-
7	yahoo ショッピング メリット	0.62%	↑ 446.05%	100%	0%	-	-
8	新しいドメインで 検索1位	0.62%	↓ 49.07%	100%	0%	-	-
9	グーグルサービスオークショ...	0.60%	-	100%	0%	-	-
10	ユーアンドアース株式会社	0.57%	↓ 100%	100%	0%	-	-
11	販売代理店	0.56%	↓ 100%	100%	0%	1,000	$1.6
12	指名検索	0.55%	↑ 47.22%	100%	0%	290	-
13	まとめサイト google	0.55%	↓ 100%	100%	0%	-	-

6 アナログツール

デジタルツールは確かに便利ですが、手軽に使えるということは競合他社も使っていることが多く、自社の競争優位性を担保するものではありません。

より自社の競争優位性を確保するためには、競合他社が使いにくいツール、あるいは知らないツールを使うことが必要です。

アナログ的なやり方は便利なデジタルツールとは違って手間がかかるものですが、それだけに競合他社が使っていないことがあります。

6-1 ◆ 電話による聞き込み・顧客への問いかけ

電話予約や電話での申込みを受け付けているか、電話でのお問合せを受け付けている場合は、顧客や見込み客との会話の最後にどのようにして自社サイトを見つけたかを聞くとともに、検索エンジンで発見してくれた場合は検索エンジンにどのような言葉で検索してくれたのかを聞いてみると10人中1人くらいの確率で検索したキーワードを教えてくれることがあります。

来店型ビジネスや顧客と直接会って商談をする業界の場合は直接聞いてみるのも効果的な方法です。

そうして聞き出した検索キーワードを記録して将来上位表示を目指す目標キーワードとして目標化すれば、さらに多くの見込み客の集客の助けになります。

6-2 ◆ チラシ広告・カタログ

紙のチラシ広告やカタログは、集客をしようとする企業がかなりの知恵と労力をかけて作り上げたノウハウの宝庫です。そこに書かれている見出しや本文に書かれているキャッチフレーズと文章からその市場において見込み客がどのような言葉に反応するのか、探している商品を表現する言葉がたくさん見つかることがあります。

●チラシの例

6-3◆新聞・雑誌広告

新聞や雑誌広告に書かれているキャッチフレーズ、本文からも見込み客がどのような言葉に反応するのか、探している商品を表現する言葉を見つけることが可能です。チラシ広告・カタログに比べてより大きな費用がかかる新聞、雑誌広告には集客のプロたちが長年改善を繰り返してきたたくさんのキーワードが含まれていることがあります。

特にファッションや、趣味の商材の場合はたくさんの専門性の高い雑誌があり、それらの広告だけではなく、記事ページにもたくさんのヒントが見つかることがあります。自社の商材に関わる専門誌が発行されている場合は定期的に目を通すべきです。

◉雑誌広告の例

第2章

検索キーワードのパターンと目標設定

キーワード調査ツールを使い、検索ユーザーが検索するキーワードを調べていくと検索キーワードにはいくつかの種類があることがわかるようになります。
それらを分類するための1つの方法が次の3つのグループに分ける分類法です。
(1)指名検索(Navigational Queries)
(2)購入検索(Transactional Queries)
(3)情報検索((Informational Queries)

成約率の高いキーワード

1-1 ◆ 指名検索キーワード

指名検索（Navigational Queries）は、「アマゾン」や「ヤフオク」など、企業名やそのブランド名での検索で、そこで購入しようとする購買意欲の高い検索ユーザーが検索するキーワードです。成約率が最も高く、経済価値が最も高いものです。クイーンズランド技術大学（QUT）などの調査によると、全検索の1割を占めます。

本をネットで買おうと思ったときはGoogleで「本　通販」という普通名詞で検索するのではなく、固有名詞の「アマゾン」で検索するユーザーが増えています。楽天市場でユーザー登録をしている人ならば「楽天」というキーワードで検索する人は多いはずです。ブログを書き始めたいと思ったユーザーは普通名詞の「無料ブログ」だとか、「ブログ　無料」で検索する人もいますが、「アメブロ」という固有名詞で検索する人も多いはずです。

これらが事実であるかを確認するには、どのようなキーワードでユーザーがサイトを訪問したかなど調査する競合調査ソフトの「シミラーウェブPRO」が役に立ちます。

◉シミラーウェブPROでの調査の例1

	Search terms (65,629)	Organic VS Paid		Traffic share
1	amazon	82.18%	17.82%	29.40%
2	アマゾン	86.63%	13.37%	17.01%
3	あまぞn	83.80%	16.20%	1.85%
4	あまぞん	84.67%	15.33%	1.79%
5	amazon jp	99.56%	0.44%	1.74%
6	日本亚马逊	99.93%	0.07%	1.26%
7	amazonn	80.47%	19.53%	0.88%
8	amazon japan	99.74%	0.26%	0.80%
9	kindle	80.51%	19.49%	0.69%
10	amzon	89.88%	10.12%	0.37%

●シミラーウェブPROでの調査の例2

	Search terms (73,733)	Organic VS Paid		Traffic share
1	楽天トラベル	78.38%	21.62%	11.61%
2	rakuten	99.96%	0.04%	5.05%
3	楽天市場	99.98%	0.02%	3.70%
4	rakutenn	100.00%	0.00%	2.09%
5	楽天カード	80.58%	19.42%	1.78%
6	楽天アフィリエイト	100.00%	0.00%	1.54%
7	楽天モバイル	72.61%	27.39%	1.38%
8	rms	100.00%	0.00%	1.22%
9	楽天アフィリ	100.00%	0.00%	0.74%
10	楽天オークション	100.00%	0.00%	0.73%
11	楽天ブックス	93.60%	6.40%	0.72%
12	らくてん	100.00%	0.00%	0.55%
13	楽天 トラベル	73.64%	26.36%	0.54%
14	kobo	78.37%	21.63%	0.43%

●シミラーウェブPROでの調査の例3

	Search terms (57,487)	Organic VS Paid		Traffic share
1	アメブロ	100.00%	0.00%	15.08%
2	ameba	99.81%	0.19%	3.82%
3	アメーバ	100.00%	0.00%	3.20%
4	ピグライフ	99.65%	0.35%	2.62%
5	アメーバピグ	99.84%	0.16%	2.37%
6	pigg	100.00%	0.00%	1.37%
7	ameburo	100.00%	0.00%	1.26%
8	pigu	100.00%	0.00%	1.25%
9	アメブロ ログイン	99.97%	0.03%	1.24%
10	あめぶろ	100.00%	0.00%	1.15%
11	ameba pigg	100.00%	0.00%	1.07%
12	ガールフレンド(仮)	100.00%	0.00%	0.93%
13	ameblo	100.00%	0.00%	0.77%
14	ブログ	100.00%	0.00%	0.74%

データを見ると確かにこれらのサイトを訪問する検索ユーザーは、サービス名、または企業名という固有名詞で検索していることがわかります。

こうしたサービス名（または企業名）という固有名詞で検索することを指名検索（Navigational Queries）と呼びます。

1-2 ◆ 購入検索キーワード

購入検索（Transactional Queries）というのは、モノやサービスを購入するときに検索するキーワードです。例としては「ノートパソコン 通販」「相続弁護士 大阪」などのキーワードがあり、指名検索（Navigational Queries）に次いで2番目に成約率が高く経済価値が高いキーワードです。そして、この種類の検索キーワードは全検索のうち約1割を占めます。

成約率が高いため、多くの企業がこの購入検索（Transactional Queries）というキーワードでの上位表示を狙っています。

購入検索キーワードには、次のようなものがあります。

- インプラント
- 表札通販
- 交通事故 弁護士 千葉
- 不用品回収 横浜
- 整体院 大阪
- ホームページ制作会社 福岡
- 印鑑
- インプラント 名古屋
- 賃貸マンション 港区
- 相続相談 東京
- 格安航空券 予約

これらのキーワードは検索ユーザーが自分の問題を解決するための商品、またはサービスを見つけるための検索キーワードなので、それはそのまま「儲かるキーワード」になることが多く、非常に競争率の高いキーワードであることがほとんどです。そして競争率が高ければ高いほど上位表示が困難になるため、高額な広告費用をかけて検索結果ページの目立つ所に表示されるリスティング広告として購入する企業が増えてきています。

しかし、そのようにリスティング広告を購入してばかりいると、企業の利益の中から広告費の出費が増えて利益率が低くなってしまいます。これを避けるためには、訪問者数を増やすキーワードである情報検索(Informational Queries)のキーワードでの上位表示を増やすことです。

訪問者を増やすキーワード

2-1 ◆ 情報検索キーワード

情報検索(Informational Queries)は、ユーザーが抱えている疑問を解消するための検索です。全検索数の8割もあります。通常、企業にとってはお金にならないユーザーが検索するキーワードだと思われることで見過ごされがちなのが、この情報検索(Informational Queries)のキーワードです。

「遺言書の書き方」「腰痛の原因」のような素朴な疑問を解消するために検索ユーザーが検索するキーワードが情報検索(Informational Queries)のキーワードです。

2-2 ◆ 情報検索をする訪問者数を増やすことにより購入検索をする訪問者が増える

直接的にすぐに売上につながらないキーワードですが、サイトのアクセス数を増やし、Googleによるサイト全体の評価を高めるためには欠かすことのできないキーワードです。

SEO成功に不可欠なのがこの情報検索(Informational Queries)のキーワードでの上位表示です。

情報検索キーワードでの上位表示をなおざりにして、成約率の高い購入検索キーワードでの上位表示ばかりを目指すのはサイト運営者の初歩的なミスです。

決して、購入検索キーワードでの上位表示ばかりを実現しようとせずに、より多くの情報検索キーワードを見つけそれらで上位表示をするページを作成し、情報検索キーワードでの上位表示を達成するように心がけてください。それによってはじめて見込み客が検索する購入検索キーワードでの上位表示への道が開けるようになります。

 シングルキーワード

2つ目のキーワード分類法は、次の3つになります。
(1)シングルキーワード
(2)複合キーワード
(3)長文検索

3-1 ◆ 単語のシングルキーワード

シングルキーワードとは、1つの単語、連語、または複合語による検索キーワードのことをいいます。単語のシングルキーワードの例は次のようになります。

- インプラント
- 表札
- 印鑑
- ガラス
- エアコン
- 不動産
- 賃貸
- 求人
- 名古屋
- 横浜
- SEO
- TOEIC

3-2 ◆ 連語・複合語のシングルキーワード

連語の国語における本来的な意味は『二つ以上の単語が連結し、一つの単語と等しい働きをするもの。「我が君」「いけない」「もひとつ」「えたり」「とかや」などがあります』(大辞林より引用)となります。

複合語の国語における本来的な意味は『本来独立した単語が二つ以上結合して、新たに一つの単語としての意味・機能をもつようになったものです。「本箱」「山桜」「書き表す」などがあり、合成語、熟語とも呼ばれます』(大辞林より引用)となります。

英語圏でスタートしたSEOにおいて、連語、複合語のキーワードの例は次のようになります。

- 「任意」と「売却」で成る「任意売却」
- 「交通」と「事故」で成る「交通事故」
- 「SEO」と「セミナー」で成る「SEOセミナー」
- 「リサイクル」と「トナー」で成る「リサイクルトナー」
- 「英語」と「学習」で成る「英語学習」

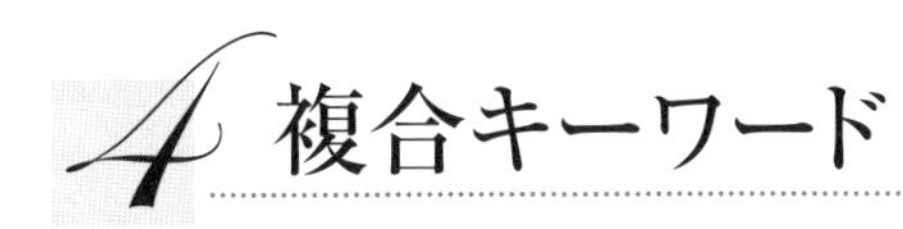

4 複合キーワード

4-1 ◆ 2つのキーワード

複合キーワードというのは2つかそれ以上のシングルキーワードを組み合わせた検索キーワードのことです。複合キーワードには2つのパターンがあり、1つは2つのシングルキーワードを組み合わせたパターンで次のようなものです。

- インプラント 大阪
- 軽井沢 ホテル
- ずわい蟹 お取り寄せ
- 債務整理 福岡
- 印鑑 通販
- ペペロンチーノ レシピ
- 腰痛 原因
- 群馬 相続相談

4-2 ◆ 3つ以上のキーワード

もう1つの複合キーワードのパターンは3つかそれ以上のシングルキーワードから成るパターンです。例としては次のようなものがあります。

- インプラント 大阪 名医
- 軽井沢 ホテル 温泉
- 軽井沢 ホテル 温泉 ランキング
- 印鑑 通販 手彫り 激安
- 印鑑 通販 ランキング
- 脱毛 おすすめ サロン
- 脱毛 口コミ ランキング 東京
- 印鑑 通販 シャチハタ かわいい

4-3 ◆ 複合キーワードの重要性

Googleなどのロボット型検索エンジンの黎明期には、検索ユーザーの検索スキルが未熟であったため、単語のシングルキーワードで検索するユーザーが多い傾向がありました。

しかし、年々ユーザーの検索スキルが上達するにつれてシングルキーワードの前か後ろに1つかそれ以上のキーワードを追加すれば、スピーディーに自分が探しているWebページを見つけられることに気が付くようになります。熟練した検索ユーザーほど複合キーワードでの検索をするようになる傾向があります。

これは検索ユーザーとは反対側の立場であるWebサイト運営者についてもいえます。つまり、SEOを始めたばかりの人ほどシングルキーワードでの検索上位表示を目指す傾向があります。

そしてSEOを実践していくうちに、シングルキーワードでの上位表示は該当する検索結果ページが非常に多く、上位表示が非常に困難なことに気が付くようになります。

下図はGoogleで「インプラント」というシングルキーワードで検索したときの検索結果画面です。

●「インプラント」の検索結果

Google インプラント

すべて 画像 ニュース 動画 地図 もっと見る 検索ツール

約 7,990,000 件 (0.49 秒)

他のキーワード: インプラント 医療費控除 インプラント 保険

神戸でインプラントなら - kobe-implant.net
広告 www.kobe-implant.net/
インプラント専門医34名在籍 国内最大級の専門家集団、神戸

インプラント総額15万円 - ktd-net.com
広告 www.ktd-net.com/
白い被せ物を使用。追加費用無し。神戸元町三宮すぐ。15000本実績。

ご覧のように画面左上に表示される検索結果該当数が「約7,990,000件」とあり、800万近くのWebページが該当していることを示しています。

一方、そのキーワードの後ろに神戸というシングルキーワードを加えた「インプラント 神戸」という2つのシングルキーワードからなる複合キーワードで検索すると約436,000件の該当ページ数にまで減少し競争率が下がります。

◉「インプラント 神戸」の検索結果

さらに、その後ろに評判というシングルキーワードを追加して「インプラント 神戸 評判」という3つのシングルキーワードから成る複合キーワードで検索すると該当ページ数はわずか約97,700件のページ数にまで減少します。

◉「インプラント 神戸 評判」の検索結果

このようにシングルキーワードよりも複合キーワードのほうが多くの場合、競争率が低い傾向があるために、熟練したSEO担当者ほど、複合キーワードでの上位表示を達成して見込み客を自社サイトに集客しようとします。

検索ユーザーの方も検索エンジンを使えば使うほど、「インプラント」などのシングルキーワードだけで検索すると自分がインプラント治療をしてくれる歯科医院を探しているのに歯科医院以外の学会や、インプラントのメーカーなど、関心のないサイトも検索結果ページの上位に混ざってしまっているために不便だと感じるようになります。

そのため、誰に教わるということもなくシングルキーワードの前か後ろに別のシングルキーワードを追加してより絞り込んだ検索をするようになる傾向があります。

このため、サイト運営者としては、より熱心に情報を探している検索ユーザーを自社サイトに訪問させるための手段として複合キーワードでの上位表示を目指すことが合理的な判断となります。

4-4 ◆ 複合キーワードでのアクセスが増えると シングルキーワードで上位表示しやすくなる

ただし、このことはシングルキーワードでの上位表示がサイト運営者にとって無意味だということではありません。

確かに、シングルキーワードでの検索数は通常、複合キーワードでの検索数よりも多いことがほとんどなのです。実際にシングルキーワードである「インプラント」などのキーワードで上位表示すると、非常に多くの検索ユーザーがサイトを訪問するようになり自社サイトのアクセスと売上が増えるようになります。

しかし、前述のように、いきなりシングルキーワードでの上位表示を目指してもなかなかうまくいかず、多くの時間がかかることになります。

シングルキーワードでの上位表示を達成するためのコツはいくつかありますが、その1つは上位表示したいシングルキーワードを含めた複合キーワードを何個も考え、それらで上位表示を達成するというものです。

つまり、「インプラント」などのシングルキーワードで上位表示をするためにはそれを目指す前に、次のようなインプラントを核とする複合キーワードでの上位表示を達成することが必要なのです。

- インプラント 費用
- インプラント 神戸
- インプラント 神戸　評判
- インプラント デメリット
- インプラント 医療費控除
- インプラント 医療費控除 いくら
- インプラント 保険
- インプラント 保険 条件
- 歯科 インプラント

Googleが持つたくさんの検索順位算定のアルゴリズムの1つには流入キーワードからそのサイトのテーマを判別するというものがあります。

インプラントを核にしたさまざまな複合キーワードでの流入が増えれば増えるほどそのサイトのトップページがインプラントというシングルキーワードで上位表示されやすくなるメカニズムをGoogleは持っているのです。

5 長文検索

5-1 ◆ ハミングバードアップデート

Googleは2013年、ハミングバードアップデートを実施して検索順位算定の中核となるコアエンジンを切り替えました。このハミングバードアップデートの導入により、従来の単語と単語の複合キーワードでの検索だけではなく、長文の会話調のフレーズでの検索にもGoogleは対応するようになりました。

5-2 ◆ スマートフォンユーザーによる音声検索に対応

ハミングバードアップデートはキーワードの背景や文脈を理解する性能を持っており、近年ユーザー数が増えている音声検索により検索される会話調の検索要求に対しても的確な検索結果を提供するための技術です。これは特に激増するスマートフォンユーザーが面倒な文字入力をしなくても、音声でも検索できるようにするという点で非常に重要な技術進歩になりました。

従来の検索方法は「美味しい蕎麦屋 長野」などというように複合キーワードによるものばかりでしたが、「長野にある美味しい蕎麦屋さんはどこ?」などという長文でしかも会話調でも検索ができる時代が到来し、検索エンジンの進歩の歴史は新たなる段階に進むことになりました。

6 キーワードのバリエーション

同じ意味のキーワードでも異なる表現をすることがあります。異なるキーワードの表現方法はキーワードのバリエーション(変形、変種)と呼びます。

6-1 ◆ 短縮形

キーワードのバリエーションの1つはキーワードを短縮した形で表現する短縮形です。例としては次のようなものがあります。

◉短縮形の例

通常キーワード	短縮形
スマートフォン	スマホ
ネットゲーム	ネトゲ
2ちゃんねる	2ch
パソコン	PC

これらの中には通常キーワードと短縮形は同じものだとGoogleが認識しているものがあります。短縮形をGoogleが理解しているかどうかを実際に両方のキーワードで検索することにより確かめて、理解しているようなら通常キーワードをWebページ内に書けば同時に短縮形でも上位表示が可能になります。

しかし、短縮形をGoogleが理解していない場合は、通常キーワードと短縮キーワードの両方をWebページ内に書かないと両方のキーワードで上位表示することは困難になります。

Google が短縮形を理解しているかどうかを確認するには実際にGoogleで短縮形で検索してみて短縮形だけではなく、その通常キーワードも太字によるハイライト化がされているかを確認することです。

下図は、GoogleでパソコンのPCという短縮形のキーワードで検索した検索結果です。よく見るとPCという短縮キーワードで検索したのにパソコンと書かれた部分も太字でハイライト化されていることがわかります。Googleは検索キーワードが含まれた部分を太字でハイライト化しますので、PCで検索したときにPCだけではなく、パソコンも太字でハイライト化されているということはPC=パソコンだと認識していることを証明します。

◉「PC」の検索結果

Google PC

すべて　ニュース　画像　ショッピング　地図　もっと見る▾　検索ツール

約 1,900,000,000 件 （0.40 秒）

他のキーワード: pc 価格

PC Watch - インプレス
pc.watch.impress.co.jp/ ▾
PCやタブレット、周辺機器の最新情報を毎日配信。新製品のレビューや海外の最新技術動向、国内外のイベントレポートまで充実の内容。人気ライター陣の連載コラムも満載.
デジカメ Watch - Windows 10関連記事(2015年) - 後藤弘茂のWeekly海外ニュース - Biz

価格.com - パソコン | 通販・価格比較・製品情報
kakaku.com/**pc**/ ▾
パソコンを買うなら、まずは価格.com**パソコン**をチェック！ 全国の通販サイトの販売価格情報をはじめ、スペック検索、クチコミ情報、ランキングなど、さまざまな視点から商品を比較・検討できます！
ノートパソコン - タブレットPC(端末)・PDA - デスクトップパソコン - SSD

このようにGoogleが通常キーワードの短縮形を理解しているかどうかは実際にGoogleに検索したときに太字でハイライト化されるかどうかでわかります。

6-2 ◆ 打ち間違い

通常のキーワードの打ち間違いもキーワードのバリエーションの1つです。

◉打ち間違いの例

通常キーワード	打ち間違い
フコイダン	フコダイン
ダイヤモンド	ダイアモンド

フコイダンというサプリメントを購入するユーザーの何人かはフコダインというように打ち間違いをします。Googleでフコダインという打ち間違いのパターンで検索しても通常キーワードであるフコイダンと書かれた部分は太字でハイライト化はされません。

これはGoogleがいまだにフコイダン=フコダインだとをわかっていないことを意味します。

フコダインという打ち間違いのユーザーを集客するために多くのネットショップがわざと打ち間違いのパターンのキーワードのほうを書いたWebページを作ってSEOをしています。

◉打ち間違いのクエリの検索結果ページ

フコイダン - Wikipedia
https://ja.wikipedia.org/wiki/フコイダン ▾
褐藻類（モズク、メカブ、コンブ、アカモク、ウミトラノオ等ホンダワラ類等）に多く含まれ、わかりやすい表現手段として海藻のネバネバ成分と表現されることが多い。アカモクに関する研究などから、生殖器に多いとの報告もある。「**フコダイン**」と誤称されることもある ...
概説 - 健康食品として - 研究 - 脚注

フコダインってなに？ | 健康食品ふこいだん
フコイダン健康堂.com/nani.html ▾
フコイダン（**フコダイン**）」とは、もずく、わかめ、昆布などの海藻にふくまれるぬめり成分です。「**フコダイン**」「フコイダイン」「ふこいだん」「fukoidan」などとよばれたり、まちがって表記されることもありますが、正式には「フコイダン（fucoidan）」が正解です。

癌治療に良い薬 フコダインって知ってます？ - Yahoo! JAPAN
detail.chiebukuro.yahoo.co.jp › ... › 健康、病気、病院 › 病気、症状 ▾
2008/07/16 - 癌治療に良い薬 **フコダイン**って知ってます？ 癌の治療にきくという **フコダイン** って 私は初めてきいたのですが本当に効くのでしょうか？ 兄が脳腫瘍で手術しましたが、全てはとりきれず、場所的に放射線治療も不可能のため、いろいろ 調べ ...

フコダイン/フコイダン
www.naoru.com/hukodain2.html ▾
フコダインにはガン細胞を自殺死させる作用(アポトーシス誘導作用)があると報告されています。正常細胞を傷つけることなくガン細胞のみを自己消滅させます。**フコダイン**と接触したガン細胞は自殺用のスイッチが入り、DNA（遺伝子）を切断し核がバラバラ

6-3 ◆ ひらがな、カタカナ、漢字

3つ目のキーワードのバリエーションは、同じ発音のキーワードをひらがなで書くのか、カタカナ、あるいは漢字で書くかという表記方法の違いです。

◉表記方法の違い

ひらがな	カタカナ	漢 字
かばん	カバン	鞄
なんば	ナンバ	難波

Googleは近年こうした表記方法の違いについてはかなり理解を深めてきています。次の図はGoogleで鞄という漢字表記のキーワードで検索した検索結果ですが、ひらがなやカタカナの部分もハイライト化されています。

◉「鞄」の検索結果

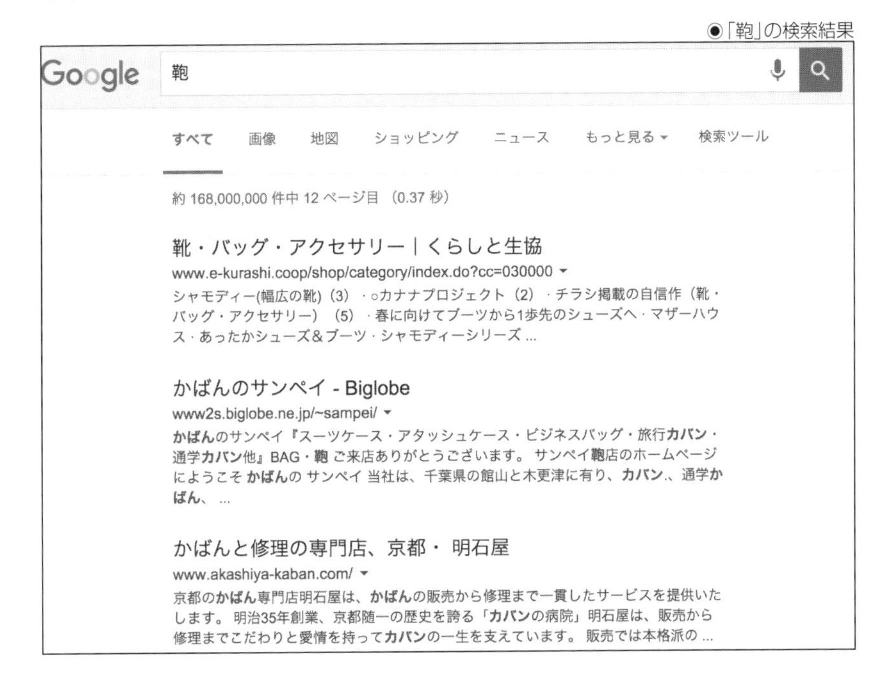

さらに深く分析すると、「鞄」という漢字の表記が1つもなく「バッグ」というカタカナ英語しか書いていないWebページが、漢字表記である「鞄」で検索すると1位に表示されている例もあります。

◉「鞄」という漢字の表記がない

```
1  <!DOCTYPE html>
2  <html lang="ja">
3  <head prefix="og: http://ogp.me/ns# fb: http://ogp.me/ns/fb# article: http://ogp.me/ns/article#">
4        <meta charset="Shift_JIS" />
5        <meta http-equiv="X-UA-Compatible" content="IE=edge" />
6
7
8
9
10
11
12       <meta name="description" content="ZOZOTOWNでは人気ブランドのバッグを豊富に揃えております。毎日新作アイテム入荷中！" />
13       <meta name="keywords" content="バッグ,ファッション,通販,通信販売,アイテム,ショップ,ブランド,公式" />
14       <title>バッグファッション通販 - ZOZOTOWN</title>
```

このようにキーワードのバリエーションを確認するにはGoogleの検索結果ページだけを観察するのではなく、そこで上位表示されているWebページのソースも観察すればより確かな対策がわかるようになります。

6-4 ◆ 外国語

バリエーションの最後は、外国語表記に関するものです。

◉外国語表記

外国語表記	日本語表記
Michael Jackson	マイケルジャクソン
Nagoya	名古屋

ほとんど固有名詞はGoogleにより翻訳されるので、カタカナ英語で書いても英語で書いても同じ意味だとGoogleに解釈されることがわかっています。

また、人名や地名などの固有名詞の場合、Googleは英語表記で検索してもカタカナ英語表示（ローマ字）しか書かれていないWebページでも上位表示することがわかっています。

●「Michael Jackson」の検索結果

Google Michael Jackson

すべて　動画　画像　ニュース　ショッピング　もっと見る ▾　検索ツール

約 112,000,000 件 （0.80 秒）

Michael Jackson | The Official Michael Jackson Site
www.**michaeljackson**.com/ ▾ このページを訳す
Sony Music site includes streaming audio and video files, discography, image gallery and competitions.

マイケル・ジャクソン - Wikipedia
https://ja.wikipedia.org/wiki/**マイケル**・ジャクソン ▾
マイケル・ジョセフ・ジャクソン（Michael Joseph Jackson、1958年8月29日 - 2009年6月25日）はアメリカ合衆国のエンターテイナー。 .... しかし和解を結んでしまったことで世間からは偏見の目を向けられ、後の**マイケル・ジャクソン**裁判まで尾を引くことになる。

●「nagoya」の検索結果

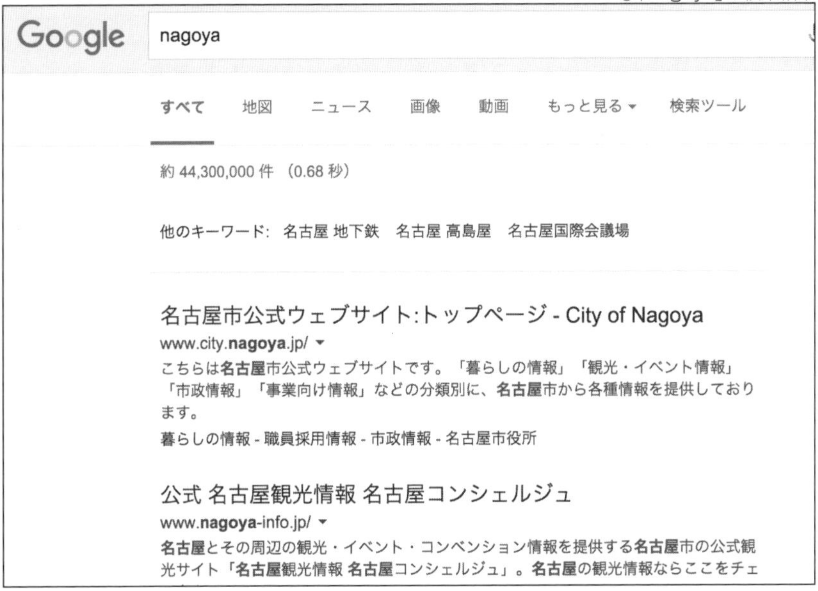

Google nagoya

すべて　地図　ニュース　画像　動画　もっと見る ▾　検索ツール

約 44,300,000 件 （0.68 秒）

他のキーワード:　名古屋 地下鉄　名古屋 高島屋　名古屋国際会議場

名古屋市公式ウェブサイト:トップページ - City of Nagoya
www.city.**nagoya**.jp/ ▾
こちらは**名古屋**市公式ウェブサイトです。「暮らしの情報」「観光・イベント情報」「市政情報」「事業向け情報」などの分類別に、**名古屋**市から各種情報を提供しております。
暮らしの情報 - 職員採用情報 - 市政情報 - 名古屋市役所

公式 名古屋観光情報 名古屋コンシェルジュ
www.**nagoya**-info.jp/ ▾
名古屋とその周辺の観光・イベント・コンベンション情報を提供する**名古屋**市の公式観光サイト「**名古屋**観光情報 **名古屋**コンシェルジュ」。**名古屋**の観光情報ならここをチェ

以上がさまざまな種類のキーワードのバリエーションについてですが、Googleがバリエーションを理解している場合はWebページ内に両方の表記を同じくらい書く必要がありません。どちらかの書き方だけをWebページ上に書いておけばどちらのパターンでも評価してくれます。

目標キーワードの設定

目標キーワードの設定はSEO技術の3大要素の1つ目の要素である企画・人気要素にあたります。

7-1 ◆ 目標キーワードとは?

目標キーワードとは自社サイトにある各ページをどのような検索キーワードで上位表示をするのかを決め、それを目標化したものです。たとえば、自社サイトのトップページを「家具 通販」というキーワードで上位表示を目指すなら、トップページの目標キーワードは「家具 通販」ということになります。

◉目標キーワード

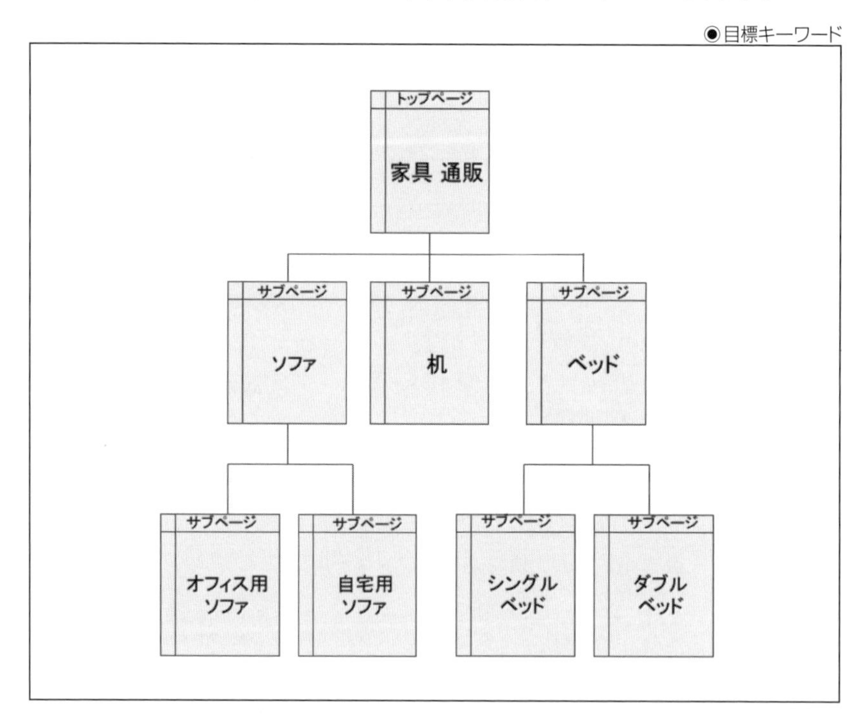

目標キーワードは1つだけ設定しても意味がありません。なぜなら、たとえその1つの目標キーワードでの上位表示が実現したとしても、検索ユーザーはそのキーワードだけではなく、さまざまな種類のキーワードで検索をするため、自社サイトが得られる訪問者数に限りが生じるからです。

◉トップページを「家具 通販」でだけ上位表示した場合

```
「家具 通販」での上位表示により獲得できる訪問者数 ＝ 100人/月
-----------------------------------------------------------
                                        合計100人/月
```

◉サイト内のさまざまなページが上位表示した場合

```
「家具 通販」での上位表示により獲得できる訪問者数          ＝ 100人/月
「ソファ」での上位表示により獲得できる訪問者数            ＝  50人/月
「机」での上位表示により獲得できる訪問者数                ＝  40人/月
「ベッド」での上位表示により獲得できる訪問者数            ＝  60人/月
「オフィス用 ソファ」での上位表示により獲得できる訪問者数 ＝  35人/月
「自宅用 ソファ」での上位表示により獲得できる訪問者数     ＝  20人/月
「シングルベッド」での上位表示により獲得できる訪問者数   ＝  70人/月
「ダブルベッド」での上位表示により獲得できる訪問者数     ＝  25人/月
-----------------------------------------------------------------
                                                  合計400人/月
```

自社サイトの訪問者数、つまりアクセス数を最大化するためには、たくさんの目標キーワードを設定して、それらさまざまな目標キーワードで上位表示をする必要があるのです。

7-2 ◆ 上位表示の難易度によるランク付け

目標キーワードを設定する際には上位表示の難易度別に分類します。それは三段階の難易度で次の3つに分類する方法です。

(1)ビッグキーワード

(2)ミドルキーワード

(3)スモールキーワード

8 大目標=ビッグキーワード

最も難易度の高い目標を大目標と呼びます。そして最も難易度が高い目標キーワードは、ほとんどの場合、ビッグキーワードと呼びます。

8-1 ◆ ビッグキーワードとは?

ビッグキーワードは検索回数も検索結果件数も多い競争率が高く上位表示が困難なキーワードです。

ビッグキーワードには「インプラント」「インプラント 大阪」「印鑑」「印鑑 通販」「相続」「相続相談」などの比較的短めの単語、または連語で、単一のシングルキーワードのものも、複数のキーワードを組み合わせた複合キーワードのものもあります。

◉ビッグキーワードの例

Keyword	Currency	Avg. monthly searches	Min search volume	Max search volume
インプラント	JPY	該当なし	10,000	100,000
インプラント 値段	JPY	該当なし	10,000	100,000
インプラント 費用	JPY	該当なし	10,000	100,000
インプラント と は	JPY	該当なし	10,000	100,000
ブリッジ 歯	JPY	該当なし	1,000	10,000
歯 ブリッジ	JPY	該当なし	1,000	10,000
前歯 ブリッジ	JPY	該当なし	1,000	10,000
インプラント と は 費用	JPY	該当なし	1,000	10,000
インプラント やら なきゃ よかった	JPY	該当なし	1,000	10,000
インプラント 価格	JPY	該当なし	1,000	10,000

◉ビッグキーワードの検索結果件数

Google インプラント

すべて 画像 ニュース 動画 地図 もっと見る 設定 ツール

約 35,300,000 件 (0.49 秒)

広告・www.implant-ginza.com/インプラント/専門医 ▼ 0120-845-556
インプラントの正しい知識 | 7000本の実績 | implant-ginza.com
無料カウンセリングは、CT診断から治療計画まで全て無料。DR.GOROに気軽に相談できます。前歯だから失敗したくない、自然で美しく仕上げたい方のための専門クリニックです。銀座駅から徒歩1分・美しい前歯のインプラント・7000本のインプラント実績。

インプラント医院の選び方
価格ではなく、実績で選ぶ
安心、安全を重視する方へ

前歯のインプラント事例
美しく自然なインプラント
誰が見てもそれと分かりません

広告・www.meikeikai-dental.com/ ▼ 03-6262-7996
無切開・無縫合インプラント手術 | 全て込み23万から,9種類...
メス使わず,小さい穴からの手術,痛み,腫れ,出血軽減,抜糸無。笑気麻酔,抜歯即時,即時荷重,ALLON4

広告・www.haplus.jp/ ▼

デンタルインプラント
デンタルインプラントとは、欠損歯の問題を解決する目的で顎骨に埋め込む人工的な物質、人工臓器の一つである。インプラント体に人工歯を固定する。ウィキペディア
他の人はこちらも検索：義歯、矯正器具、ブリッジ、ホワイトニング、さらに表示
フィードバック

こちらを検索しますか
インプラント
インプラントとは、体内に埋め込まれる器具の総称である。医療目的で広く行われ、...

8-2 ◆ ビッグキーワードで上位表示しやすいページ

ビッグキーワードは最も上位表示の難易度が高いため、上位表示を実現するのには最も長い時間がかかります。運良く比較的短期間で上位表示ができたとしても、競合他社も同じビッグキーワードでの上位表示を目指すことが多いため、時間とともに検索順位が落ちることがあります。

ビッグキーワードでの上位表示にかかる時間はサイトの内部要素や外部要素の状況にもよりますが、通常は1年以上かかることがほとんどです。

少しでもその時間を短縮するための有効な施策としては、サイトの中で最も上位表示しやすい「強いページ」であるトップページでビッグキーワードを狙うことです。

なぜ、サイトの中でトップページが最も上位表示しやすいのかというと、次の3つの理由があります。

①トップページはほとんどのサイトにおいてすべてのサブページからリンクが張られているサイト内で最もリンクがされているページだから

通常、トップページに戻るリンクが「HOME」、「ホーム」または「TOP」という言葉でリンクが張られています。Googleはサイト内のリンク構造を詳しく観察しており、サイト内にあるページの中で最もリンクがされているページは非常に重要なページであると認識します。

◉「ホーム」がトップページに戻るリンク

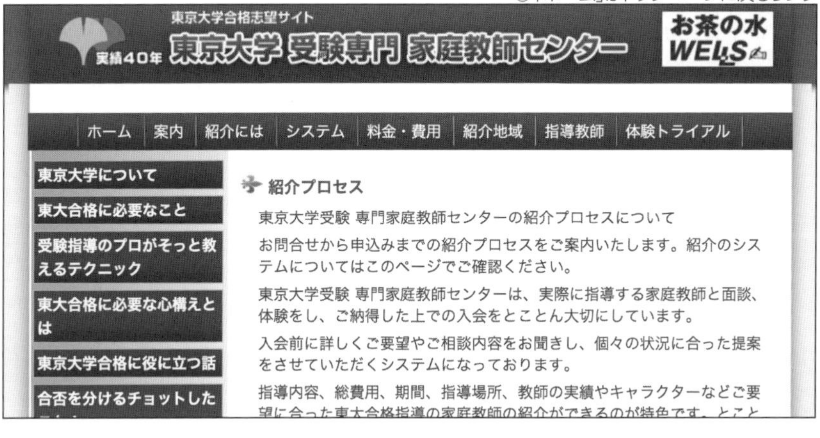

②トップページは通常、サイト内にあるすべてのサブページの共通点がそのテーマになっているから

前ページの図は東京大学受験専門の家庭教師センターのサイトです。このサイトにはたくさんのページがあります。たとえば、東京大学について、東大合格に必要なこと、東大合格に必要な心構えとは、東京大学合格に役立つ話などですが、それらの共通点は東京大学に合格するための受験指導です。

その場合、トップページはそれらのページへの目次のようなメニューページの役割を持っているので、東京大学に合格するための受験指導のためのメニューになります。

その結果、トップページのテーマは東京大学に合格するための受験指導の情報だとGoogleは認識して、トップページは「東京大学　合格」や「東京大学　合格　受験指導」などのキーワードで上位表示しやすくなるのです。

「東京大学　合格」や「東京大学　合格　受験指導」などで上位表示が難しいビッグキーワードの場合は、サブページで上位表示を目指すよりも、トップページで上位表示を目指した方が検索順位が上がりやすくなります。

③他のサイトの運営者が自社サイトにリンクを張ってくれるときは、ほとんどの場合トップページだから

競争率が高いビッグキーワードで上位表示をするためには決して内部要素だけを最適化しても成功はできません。競争率が高ければ高いほど他人のサイトからリンクを張ってもらうためのリンク獲得対策が必要になります。

そのため日頃から他人のサイトからリンクを張ってもらうための心がけと働きかけが必要になります。そうした努力が実って他人のサイトからリンクを張ってもらうことができたとしても、ほとんどの場合、自社サイトのトップページにリンクを張られることがほとんどです。理由は、通常トップページはそのサイトの目次ページであるので自社サイトを訪問したユーザーに紹介する際に最もリンク先として適していると判断するからです。

そのため、自社サイト内のどのページよりもトップページばかりが他人のサイトからリンクを張ってもらうことが多くなり、検索エンジンはトップページをことさら高く評価するようになります。

中目標=ミドルキーワード

9-1 ◆ ミドルキーワードとは?

ミドルキーワードは上位表示難易度がビッグキーワードとスモールキーワードの中間程度のキーワードを意味します。ミドルキーワードには「インプラント寿命」「法人印鑑 角印」「相続相談 札幌市」などがあります。

◉ミドルキーワードの例

Keyword	Currency	Avg. monthly searches	Min search volume	Max search volume
インプラント 寿命	JPY	該当なし	1,000	10,000
歯 ブリッジ 寿命	JPY	該当なし	100	1,000
差し歯 寿命 40 年	JPY	該当なし	100	1,000
ブリッジ 寿命	JPY	該当なし	100	1,000
奥歯 インプラント 寿命	JPY	該当なし	100	1,000
前歯 ブリッジ 寿命	JPY	該当なし	100	1,000
歯 ブリッジ 寿命 後	JPY	該当なし	100	1,000
インプラント の 寿命	JPY	該当なし	100	1,000
入れ歯 寿命	JPY	該当なし	10	100
ブリッジ 歯 寿命	JPY	該当なし	10	100

◉ミドルキーワードの検索結果件数

Google インプラント 寿命

すべて 画像 ニュース ショッピング 動画 もっと見る 設定 ツール

約 1,530,000 件 (0.31 秒)

広告・www.kkk-central.jp/ ▾ 0120-203-641
インプラントが9.6万円から | 吉祥寺セントラルクリニック
難症例も対応する精鋭のドクターが治療を担当。年間1000本以上の埋入実績。医療専門職が連携し安全に配慮した治療を行います。セカンドオピニオンや短期集中治療も対応。吉祥寺駅隣接・医科併設・月〜土 19時半まで・無料相談実施中。

広告・www.nm-dc.jp/Web予約は24時間/麻酔費用込み ▾
20年保証インプラント 自由診療 - 長津田南口デンタルクリニック
歯のインプラント治療でお悩みの患者さまに、丁寧にカウンセリングさせていただきます。インプラント1本 28万8千円（税別）！高品質のインプラントを症例に応じて使用しています。
神奈川県 横浜市緑区長津田5-5-13長津田メディカルスクエア５F - 営業終了・時間 ▾

9-2 ◆ ミドルキーワードで上位表示しやすいページ

トップページの次に強いページはカテゴリページであることがほとんどです。カテゴリページとは複数のサブページを束ねるページです。

◉カテゴリページ

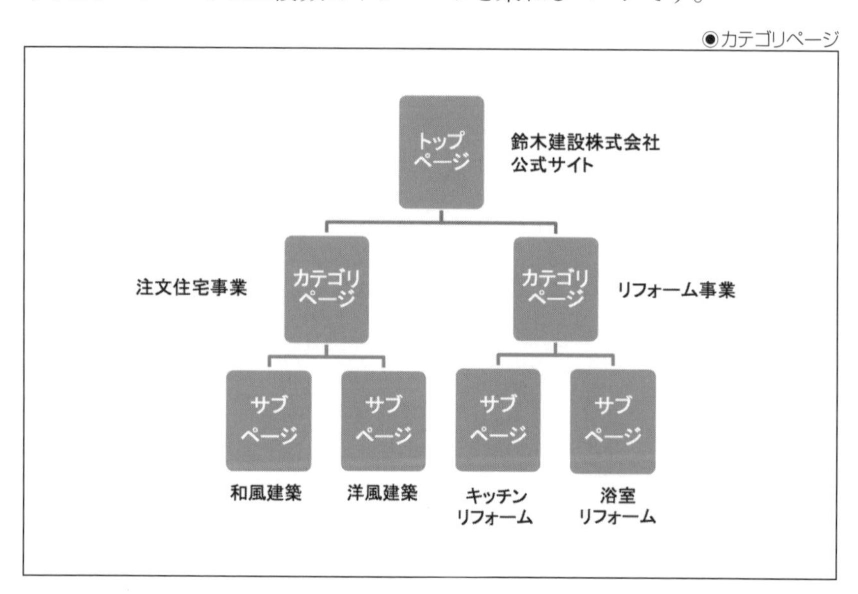

キッチンリフォームのサブページと、浴室リフォームのサブページという2つのリフォーム詳細ページがあり、それらに行く前にユーザーが通るページがリフォーム事業の案内ページとなります。その場合、リフォーム事業案内ページがカテゴリページとなります。

検索エンジンはサブページよりも、このように複数のサブページを束ねるいわば「小さなトップページ」ともいえるカテゴリページを高く評価します。そのため、カテゴリページはサブページよりも上位表示しやすい「強いページ」になります。

こうした理由により、ビッグキーワードの次に上位表示の難易度が高いミドルキーワードはカテゴリページを目標ページとするのが合理的な判断になります。

小目標=スモールキーワード

10-1 ◆ スモールキーワードとは?

スモールキーワードは検索回数が少なく、検索結果件数も少ない最も競争率が低く比較的上位表示しやすいキーワードです。スモールキーワードには「奥歯 インプラント 費用」「法人印鑑 角印 サイズ」「相続 順位 兄弟」などがあります。

◉スモールキーワードの例

奥歯 部分 入れ歯	JPY	該当なし	100	1,000
インプラント 術 後	JPY	該当なし	100	1,000
奥歯 インプラント 費用	JPY	該当なし	100	1,000
入れ歯 インプラント	JPY	該当なし	100	1,000
インプラント の 値段	JPY	該当なし	100	1,000
ブリッジ インプラント	JPY	該当なし	100	1,000
総 インプラント	JPY	該当なし	100	1,000
差し歯 インプラント	JPY	該当なし	100	1,000
ジルコニア インプラント	JPY	該当なし	100	1,000
部分 入れ歯 ブリッジ	JPY	該当なし	100	1,000
インプラント 骨 造成	JPY	該当なし	100	1,000
インプラント 歯科	JPY	該当なし	100	1,000
前歯 仮 歯 即日	JPY	該当なし	100	1,000

◉スモールキーワードの検索結果件数

Google　奥歯 インプラント 費用

すべて　画像　ショッピング　ニュース　地図　もっと見る　設定　ツール

約 266,000 件 (0.53 秒)

広告 · www.sinbisika-tokyou.net/精密審美会/インプラント ▾

インプラント本体150,000円から | 東京、横浜に6つの歯科医院

歯周病の方、歯がグラグラする方、入れ歯が合わない方、歯が無い方はご相談ください。自費診療。**インプラント**、ブリッジの無料個別カウンセリング受付中。東京,日本橋,銀座,表参道,六本木,横浜。総額事前提示・どの医院も駅から3分以内。

広告 · www.haplus.jp/ ▾

All-on-4はハプラス歯科 - 池袋・渋谷でインプラントなら

10-2 ◆ スモールキーワードで上位表示しやすいページ

スモールキーワードは最も難易度が低いため、サイト内の「弱いページ」、つまり検索エンジンからの評価がことさら高くないページでも上位表示を目指すことができます。

サイト内で最も検索エンジンからの評価が低いページは最も下層に位置するサブページですので、サブページをスモールキーワードの目標ページにすることが合理的な判断になります。

10-3 ◆ スモールキーワードによるロングテールSEO

多くの企業がビッグキーワードでの上位表示を目指しています。しかし、ビッグキーワードは競争率が高く、上位表示が困難なキーワードのため、短期間で上位表示することはできません。特に公開したばかりのサイト運用歴が短いサイトの場合はなおさらです。

ビッグキーワードでの上位表示ばかりを目指していると、すぐに結果が出ないのでSEOそのものに嫌気が差したり、人によっては不正リンクを購入して上位表示を目指すという大きなリスクを犯してしまうことがあります。

そうしたリスクを避けて確実にビッグキーワードでの上位表示を達成するための方法論として、ロングテールSEOという考え方があります。

ロングテールという概念はクリス・アンダーソン氏が提唱した経済理論で、Webを活用したビジネスにおいては実店舗とは違い在庫経費が少なくて済むため、人気商品ばかりを取り扱わなくてもニッチ商品の多品種少量販売で大きな売り上げ、利益を得ることができるというものです。

◉ロングテール

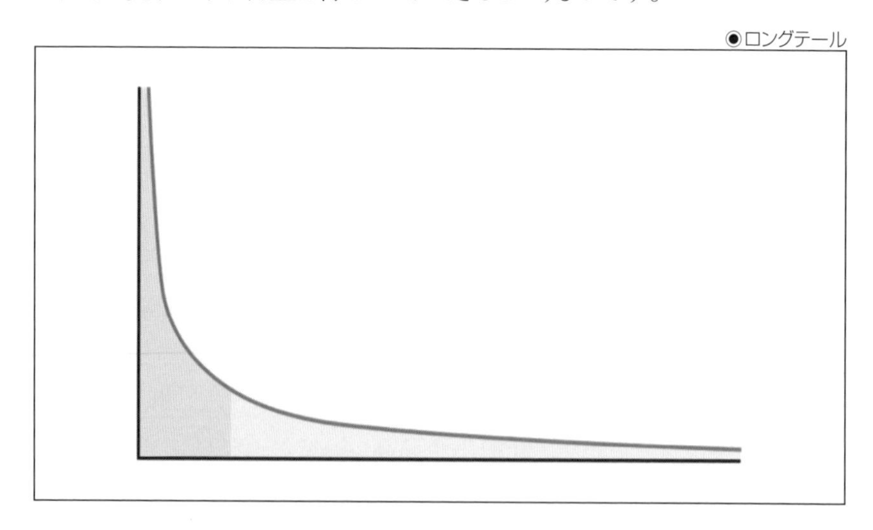

SEOにこの理論を応用すると、「競争率の激しいビッグキーワードでの上位表示ばかりを追いかけなくても、競争率の低いスモールキーワードをたくさん目標化して上位表示を達成すれば、労少なく効率的に見込み客が自社サイトを見に来てくれる」というものです。

さらには、たくさんの関連キーワードでサイト訪問者が増えているという実績をGoogleが評価し、最終的にビッグキーワードでも上位表示できるようになるという結果をもたらすことが可能になります。

たとえば、サイトのトップページを「インプラント」で上位表示させることは短期間では実現できないので、インプラントというキーワードの関連キーワードをGoogleキーワードプランナーで調べて「前歯 インプラント 値段」などのような比較的上位表示しやすいスモールキーワードでの上位表示を初期の目標にします。

いくつものスモールキーワードで上位表示するようになってきたら、次はミドルキーワードである「インプラント 寿命」などのキーワードでの上位表示を目指し、最終的にトップページを「インプラント」で上位表示させるという下から攻めていくボトムアップのSEO戦略がロングテールSEOです。

◉ロングテールSEO

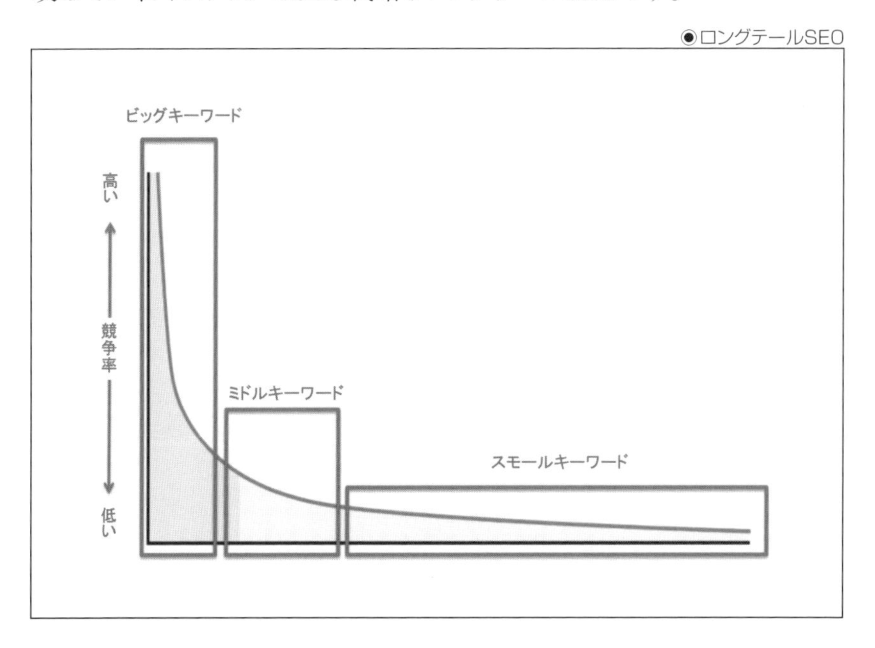

この手法は一見すると遠回りのように見えますが、実は本気で商品やサービスを探している検索ユーザーほど「インプラント」のような抽象的で大雑把なキーワードではなく、「前歯 インプラント 値段」などのようなスモールキーワードで検索する傾向があります。そのため、成約率が高いキーワードであることがよくあります。

しかし、それらスモールキーワードの欠点は月間検索数が非常に少ないことです。月間検索数が少ないキーワードで上位表示しても自社サイトを訪問するユーザーは少なくなってしまいます。

この欠点を補うためには、月間検索数が少ないスモールキーワードをたくさん発見し、それらのほとんどで上位表示を実現することです。1つひとつは月間検索数が少なくても、より多くの種類のスモールキーワードで上位表示することで数の少なさを補うことができます。

SEOをする上で最も重要なプロセスは、自社サイト内のどのページをどの検索キーワードで上位表示を目指すのかを決める目標キーワードの設定の部分です。このプロセスにおいて正しい判断をするために十分な時間を割くようにしてください。目標が間違っていたら、たとえ上位表示しても、自社サイトに見込み客を集客することはできません。そうなればすべてが無駄になってしまいます。

1度だけではなく、定期的に新しい目標キーワードを探し追加することと、これまでの目標キーワードがその時代にあった適切なものかを見直すようにしてください。

第3章

上位表示するページ構造

前章までは検索キーワードの需要の調査方法とキーワードの種類、そして上位表示を目指すべき目標キーワードの決め方について解説してきました。本章ではそうして決定した目標キーワードで上位表示を達成するために自社サイト内のどこにどのように目標キーワードを書いていけばよいのかを解説します。

内部要素の技術要因

SEO技術の3大要素の2つ目の要素は内部要素です。内部要素とはサイト内部の要素のことであり、内部要素には技術要因とコンテンツ要因の2つの要因があります。

本書では内部要素の技術要因についてこれより詳しく解説します(内部要素のコンテンツ要因はSEO検定2級の出題範囲のため2級のテキストで解説しています)。

内部要素の技術要因とは、サイト制作とその運営をする上での技術的なSEO(検索エンジン最適化)のことを意味します。

3大エリアにおけるキーワードの書き方

内部要素の技術要因として上位表示に効果のあるSEOで最初に行うべき作業は3 大エリアの最適化です。なぜ、3大エリアと呼ぶのかというと、SEO上、3つの重要な部分を最適化するということからです。

3大エリアは、次の3つのことを意味します。

(1)タイトルタグ

(2)メタディスクリプション

(3)H1タグ(1行目)

2-1 ◆ タイトルタグ

タイトルタグというのはHTMLページのソース内で比較的上の方に記述されているそのページの内容を指し示すタグです。

次ページの図のように<title>と</title>のタグで囲われた部分にそのページのテーマを端的に記述することがWebデザインの基本になっています。

●タイトルタグの例

```
<!DOCTYPE HTML PUBLIC "-//W3C//DTD HTML 4.01 Transitional//EN"
"http://www.w3.org/TR/html4/loose.dtd">
<HTML lang="ja">
<head>
<meta http-equiv="Content-Type" content="text/html; charset=utf-8">
<title>リフォーム東京 豊富な実績の（株）エコリフォーム 女性が丁寧に対応</title>
<link href="/common/import.css" rel="stylesheet" type="text/css"><!--
<link href="common/style.css" rel="stylesheet" type="text/css">-->
<script language="JavaScript" src="http://www.eco-inc.co.jp/common/common/java.js"></script>
<script type="text/javascript" src="http://www.eco-inc.co.jp/common/menu.js"></script>
```

このページは「リフォーム 東京」という検索キーワードで上位表示を目指しているページなのでそれらのキーワードをなるべく目立つように記述し、かつユーザーが見たときにそのページがあるサイトの特徴を瞬時に良い印象とともに認識することを目指している例です。

SEO においてはページのタイトルタグには必ずそのページを上位表示させたい検索キーワードを含めることが重要です。理由はGoogle がタイトルタグというのはそのページの要旨、つまりテーマを記述したものとして認識するからです。

また、なぜ、ユーザーに瞬時に良い印象とともに認識してもらうことを目指すのかというと、Googleの検索結果には通常、Webページのタイトルタグ内に書かれた文言がそのまま表示されるからです。

●PC版Googleの検索結果ページ

リフォーム東京 豊富な実績の（株）エコリフォーム 女性が...
www.eco-inc.co.jp/ ▾
我が家は狭いから、古いから**リフォーム**できないとお悩みの方、まずはご相談ください。**東京**都江東区で創業50年以上の工務店を母体とした**リフォーム**会社です。培われた確かな技術と女性インテリアコーディネーターによるきめ細やかなサポート。

川崎市中原区の賃貸リノベーションのことなら【リフォーム...
reform-tokyo.jp/ ▾
賃貸リノベーションで賃貸オーナ様の空室解消をサポート！水まわり&介護**リフォーム**・介護用品レンタル&販売でお客様のくらしをサポート！川崎市中原区【**リフォーム東京**】へおまかせください。

東京中央営業所 | お近くの三井のリフォーム | トータルリフ...
www.mitsui-reform.com › お近くの三井のリフォーム ▾
三井の**リフォーム**、**東京**中央営業所のページです。**リフォーム**、マンション**リフォーム**のことなら三井不動産グループの三井の**リフォーム**にお任せください。建築士の資格を持つ**リフォーム**プランナーが女性ならではの細やかな視点でご提案。豊富な**リフォーム**実例 ...

検索ユーザーが検索結果ページ上で意味不明の文言が書かれていたり、印象の悪いキャッチフレーズが書かれているWebページを見てもクリックする気にはならなくなってしまいクリックをしなくなります。それは検索結果上でのクリック率を下げる原因になり、そのWebページの上位表示に不利になるばかりかサイトの訪問者数を増やすという本来のSEOの目的を損なうことになります。

そのため、タイトルタグに記述する文言は検索ユーザーがクリックしたくなるような魅力的なフレーズを書くよう細心の注意を払う必要があります。

タイトルタグにはPC版Webページ、モバイル版のWebページともに全角で最大30文字以内の範囲で記述すれば、多くの場合、記述したことがそのまま検索結果ページに表示されるようになります（半角2文字で全角1文字になります）。

◉モバイル版Googleの検索結果ページ

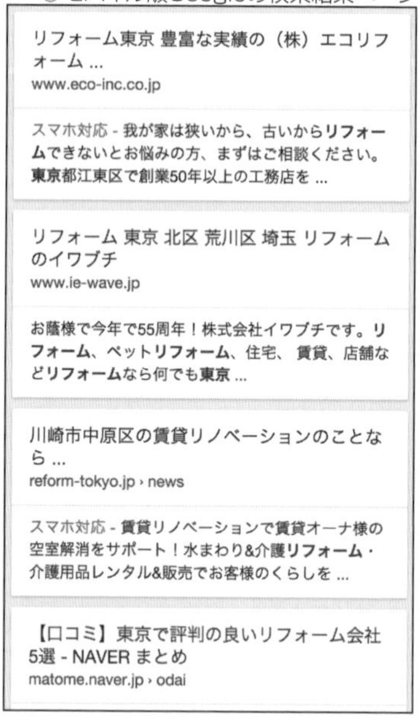

リフォーム東京 豊富な実績の（株）エコリフォーム ...
www.eco-inc.co.jp

スマホ対応 - 我が家は狭いから、古いから**リフォーム**できないとお悩みの方、まずはご相談ください。**東京**都江東区で創業50年以上の工務店を ...

リフォーム 東京 北区 荒川区 埼玉 リフォームのイワブチ
www.ie-wave.jp

お蔭様で今年で55周年！株式会社イワブチです。**リフォーム**、ペット**リフォーム**、住宅、賃貸、店舗など**リフォーム**なら何でも**東京** ...

川崎市中原区の賃貸リノベーションのことなら ...
reform-tokyo.jp › news

スマホ対応 - 賃貸リノベーションで賃貸オーナ様の空室解消をサポート！水まわり&介護**リフォーム**・介護用品レンタル&販売でお客様のくらしを ...

【口コミ】東京で評判の良いリフォーム会社5選 - NAVER まとめ
matome.naver.jp › odai

2-2 ◆ メタディスクリプション

タイトルタグほどの上位表示効果はありませんが、HTMLファイルの上のタイトルタグの下に記述するメタディスクリプションにも注意を払う必要があります。

メタディスクリプションはPC版のWebページには全角で120文字前後、モバイル版のWebページには全角で最大60文字まで書くと多くの場合それがそのままGoogleの検索結果ページに反映されます。ここもユーザーに検索結果ページ上で与える第一印象の1つになるため、Webページを見たくなるような文言を工夫して自然な文体で書く必要があります。

メタディスクリプションに書く内容は、できる限りページごとに変えるようにして、そのページの要旨を自然な文体で書くように心がけてください。そしてそこにはそのページが上位表示を目指すキーワードを自然な形で含めると上位表示にプラスに働きます。

2-3 ◆ H1タグ（1行目）

H1タグとは、Webページの大見出しを意味するタグです。Hとはheading（ヘッディング）の略で見出しを意味する言葉です。

そのページの表題をなるべくユーザーの注意を引くように書く必要があります。上位表示を目指すためにはそのWebページのH1タグに上位表示を目指す目標キーワードを含めるようにしてください。

また、H1タグに記述する内容は極力、ページごとに変えるようにしたほうが、Googleがそのページの意味をより理解してくれて上位表示に貢献することになります。

◉H1タグの例

```
</table>
</div>

 <h1>リフォームを東京でお考えの方、お気軽にご相談ください</h1>
</div>
```

2-4 ◆ 3大エリア共通の注意点

以上が、タイトルタグ、メタディスクリプション、H1（1行目）という3つの重要エリアの書き方についてでしたが、これら3つのエリア共通の注意点をまとめると次のようになります。

①なるべく先頭に目標キーワードを書くようにする

タイトルタグ、メタディスクリプション、H1ともに、それぞれの先頭に目標キーワードが書かれていたほうがそうでない場合に比べて上位表示しやすい傾向があります。ただし、メタディスクリプションは長文になることが多く文章の先頭に入れることが難しいので、極力、文章の前のほうに含めるようにしてください。

◉良い例

```
<title>リフォーム東京 豊富な実績の(株)エコリフォーム 女性が丁寧に対応</title>
<meta name="description" content=" 我が家は狭いから、古いからリフォームできないとお悩みの方、まずはご相談ください。東京都江東区で創業50 年以上の工務店を母体としたリフォーム会社です。培われた確かな技術と女性インテリアコーディネーターによるきめ細やかなサポート。お問い合わせ :0120-292-575">
<h1>リフォームを東京でお考えの方、お気軽にご相談ください</h1>
```

②目標キーワードが修飾語にならずに主語になるように書く

できる限り、3大エリアに目標キーワードを書くときは修飾語として書くのではなく、主語（「が」の前に来る言葉）になるように心がけてください。主語であるときのほうがそうでない場合に比べて上位表示しやすくなります。

たとえば、「営業研修」という目標キーワードで上位表示を目指すときに、『営業研修を見つけるポータルサイト「営業ネット」』という書き方をすると確かに営業研修という目標キーワードが先頭に書かれていますが、ポータルサイトという言葉を修飾する修飾語（説明する言葉）になってしまい、ポータルサイトという言葉が主語になります。その場合、検索エンジンはそのページは営業研修のページというよりは、ポータルサイトだと認識して、ポータルサイトというキーワードでは上位表示されやすくても、営業研修では上位表示されにくくなることがあります。

営業研修が主語になる書き方にするためには『営業研修が見つかる!「営業ネット」』と書いたほうがそうでない場合より上位表示に有利になります。

すべての場合において目標キーワードを主語にすることは難しいことですが、極力、目標キーワードが主語になるような書き方を心がけるようにしてください。

③部分一致ではなく、完全一致になるように書く

エコリフォームという言葉を書けば確かにリフォームという言葉がエコリフォームの後半に含まれているのでリフォームという言葉を書いているように見えますが、実際にはエコリフォームという1つの言葉の一部分がリフォームだということでしかありません。

また、日本セミナー協会という言葉を書けばセミナーという言葉が含まれているのですが、それも日本セミナー協会という1つの言葉の中にセミナーという言葉が含まれているだけです。

このように1つの言葉の一部分としてキーワードが含まれていることをキーワードの部分一致といいます。

一方、「東京でリフォームをするなら・・・」と書けばリフォームという言葉はどの言葉の一部でもないので完全一致になります。「日本のセミナーの中でも有名な・・・」と書けばこれもセミナーという言葉はどの言葉の一部でもないので完全一致になります。

上位表示を目指すページには、極力、部分一致ではなく、完全一致で目標キーワードを含めることを目指してください。

④単語の羅列を書くのではなく、文章またはフレーズ(句)になるように書く

検索エンジンは単語の羅列を嫌います。単語の羅列というのは「てにをは」や「です、ます」などの助詞、助動詞を書かずに単に単語を並べてスペース(空白)で区切るだけの書き方のことをいいます。

◉悪い例

大阪 債務整理 無料相談 鈴木法律事務所

これを改善するためには、適切な助詞、助動詞などを用いて単語と単語が自然に繋がるように書き直す必要があります。

◉良い例

大阪で債務整理を依頼するなら無料相談受付中の鈴木法律事務所にご相談ください！

⑤タイトルタグ、メタディスクリプションには目標キーワードを2回まで、H1には1回までを目指す

検索エンジンは同じキーワードを3大エリアにしつこく書いて詰め込むことを嫌います。ペナルティを避けて上位表示を目指すためには目標キーワードを次のように書くようにしてください。

◉各エリアの目標キーワードの回数

エリア	説明
タイトルタグ	短めの場合は1回だけ、長めの場合は2回まで
メタディスクリプション	短めの場合は1回だけ、長めの場合は2回まで
H1（1行目）	短くても長くても1回だけ

◉良い例

```
<title>横浜の接骨院をお探しなら各種保険対応のスマイルビレッジ 横浜市内関内駅徒歩1分の接骨院</title>
<meta name="description" content=" 横浜の接骨院なら口コミで評判の、スマイルビレッジ。痛み、しびれの治癒には自信があります。交通事故後の治療など。各種保険の適応も可能な接骨院です。" />
<h1>接骨院をお探しなら横浜市関内のスマイルビレッジ</h1>
```

⑥1つのページ内の3大エリアには同じことを書かずに書く内容に変化をつける

上述の接骨院のWebページの例を見るとタイトルタグ、メタディスクリプション、H1に書かれているフレーズ、文章はそれぞれ異なったものになっています。1つのページの中にある3大エリアに同じことを書くよりも異なったことを書いたほうが上位表示に少しでも有利になります。

◉悪い例

```
<title>接骨院をお探しなら横浜市関内のスマイルビレッジ</title>
<meta name="description" content=" 接骨院をお探しなら横浜市関内のスマイル
ビレッジへ！" />
<h1>接骨院をお探しなら横浜市関内のスマイルビレッジ</h1>
```

必ず、1つのページの中にあるタイトルタグ、メタディスクリプション、H1には少しでも良いので異なったことを書くように心がけてください。

⑦ページごとに書く内容に変化をつける

Googleは同じ内容のタイトルタグ、メタディスクリプション、H1をすべてのページにコピーして使用することを嫌います。

理由は、そもそもタイトルタグはそのページの内容を一目でわかるようにするための概略を書く部分であり、メタディスクリプションはそのページの紹介文を文章として書く部分であり、H1タグはそのページの大見出しを書く部分だからです。

にもかかわらず、どのページにも同じことを書くことは、こうしたGoogleの基準から大きく逸れることなので避けなくてはなりません。

サイトの運営システムの事情でどうしても同じことをどのページにも書かなくてはならない場合は仕方がありませんが、そうでない場合は一定の時間をとってページごとに異なった内容をタイトルタグ、メタディスクリプション、H1には書くようにしてください。

そうすることによりそれぞれのページがそれぞれの目標キーワードで上位表示されやすくなりサイトの訪問者数を増やすことが目指せます。

⑧誇張を避けて真実を記述する

検索結果ページに表示されることが多いタイトルタグや、メタディスクリプションには必ず、そのページに関する真実の情報を書くようにしましょう。

検索ユーザーにクリックしてほしいという欲求が強いあまりに、そのページの内容を正確に反映しないフレーズや文章を、タイトルタグやメタディスクリプションに記載してしまうとGoogleのシステムが独自に検索結果ページに表示されるページタイトルやページ紹介文であるスニペットを創作して表示することになります。

たとえば、あるページのタイトルタグに「完全初心者でもゼロから分かる腰痛のすべて! | 鈴木整体院」と書いたとします。

この場合、検索結果に「完全初心者でもゼロから分かる腰痛のすべて! | 鈴木整体院」というタイトルタグ内のフレーズがそのまま検索結果ページに表示されたとき、検索ユーザーはそのリンクをクリックして表示されるページは「医療の知識がない完全な初心者でも理解できる」ページだと予想するはずです。

しかし、実際にはそのページに書かれている内容はとても難解で初心者では到底簡単に理解できない内容だったらどうでしょうか?　また、「腰痛のすべて」と書いておきながら実際には腰痛に関する断片的な情報しか書かれていなかったらがっかりするでしょう。

他のケースを考えてみましょう。たとえば、1つのページを「整体　大阪」で上位表示しようとしたときに、そのページのタイトルタグに「必ず腰痛が回復する大阪No.1の鈴木整体院 | マスコミで話題の整体院!」と書いたとします。

この場合、「必ず腰痛が回復する」というのは誇大広告的な表現になるはずです。そのようなことは科学的、医学的に考えられないからです。他にも「大阪No.1」と書いていますが、実際にページを見たときにその根拠となる情報ソースが書かれていなかったらこれも誇大広告的表現になります。さらに、「マスコミで話題」と書くならばそのページのどこかにどこのメディアでいつ取り上げられたのかをある程度、証明する必要があります。

こうした検索結果ページに表示されている情報とリンク先のページの内容に大きな開きが生まれてしまったときに信用を失うのはそのサイトだけでなく、Googleもです。Googleは信頼性の高い検索サイトの運営を目指している企業です。サイトの実態にそぐわない誇大広告的な表現は慎むべきです。

ページテーマの絞り込み

3-1 ◆ ページテーマとは?

ページテーマとは、そのページが何について書かれているか、ページの主題のことをいいます。

たとえば「ヘッドフォン」という検索キーワードで上位表示している百科事典サイトにあるWebページはヘッドフォンについて詳しく書かれています。

◉「ヘッドフォン」(ウィキペディア)

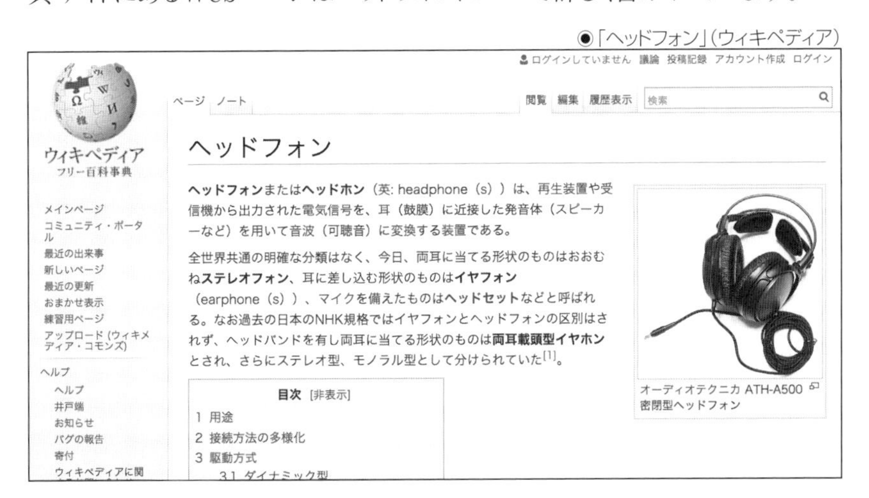

そのページにはヘッドフォンのことだけが書かれているのでそのページのテーマ(主題)はヘッドフォンだけになります。スピーカーやその他の音響機器については少しだけは書かれていますが、それはヘッドフォンについての説明をするための補助的な情報でしかありません。

「ヘッドフォン」で上位表示している他のWebページも同じくヘッドフォンだけをテーマにした家電量販店や、ヘッドフォンメーカー、ヘッドフォンのまとめサイトばかりです。

このようにGoogleを始めとする検索エンジンは検索ユーザーが検索したキーワードだけをテーマにしているWebページを検索結果上で上位表示させようとします。

3-2 ◆ ページテーマが複数ある場合

こうしたことを知らないサイト運営者は、複数のテーマが混在したWebページを作り、それを上位表示させようとします。これは一見すると、経済的には合理的な判断に見えます。なぜならWebページを新規で作成するには記事を書くコストや時間がかかり、HTML化するにも一定の時間やコストがかかるからです。1つのページで複数のテーマを書いて、複数のキーワードで上位表示すればそうした時間とコストを省くことができます。

競争率が低いスモールキーワードの場合は一時的にこうしたページテーマが複数あるものでも上位表示することはあります。しかし、時間とともにページテーマを1つに絞り込んだページが世の中に増えてくればくるほど順位が落ちていきます。

3-3 ◆ ページテーマを1つにすることがSEOの第一歩

なぜ、検索エンジンはページテーマが1つに絞り込まれているページを優遇するのかというと、それは検索ユーザーがそうしたページを探しているからに他なりません。

検索ユーザーが検索エンジンを使う理由は、そのとき知りたい情報をすぐに得たいからです。上位表示するページに検索ユーザーが知りたい情報だけでなく、他のテーマの情報もあったらユーザーは自分が探している情報を見つけるために一定の労力をかけることになります。

検索ユーザーにとって快適で使いやすい検索エンジンとは労力がほとんどかからない検索エンジンです。

こうした理由から、上位表示を目指すためにはテーマを1つに絞り込んだWebページを作ることがSEO内部対策の第一歩になります。

上位表示を目指しているページの順位が上がらないときは、客観的にそのページのテーマは何かを観察し、万一、複数のテーマが混在しているようならば、そのページのテーマを1つだけに絞り込んで文章を書き直すことが有効なSEOになります。

そして、そのページから削除したテーマはそのままにするのではなく、新たにページを作成してそのページを目標ページにして上位表示を目指すことが結局は成功への近道になります。

4 検索意図を満たす

4-1 ◆ 検索意図とは?

ページのテーマを絞り込むとGoogleの検索順位が上がる傾向がありましたが、2018年8月から2021年6月、7月、11月と立て続けに実施されたコアアップデートというアルゴリズムアップデート以降はそれだけでは不十分になりました。

コアアップデートの実施後は、単にページのテーマを絞り込むだけでなく、検索ユーザーの検索意図を満たすページが上位表示するようになりました。

検索意図とは検索ユーザーが検索するときにページのコンテンツとして期待するもの、つまり検索ユーザーが見たいコンテンツのことです。

たとえば、「ダイエット」というキーワードで検索するユーザーは単にダイエットのことだけが書かれているページならば何でも見たいということはないはずです。ある人はダイエットのサプリメントのコンテンツが見たいかもしれませんし、別の人はダイエットジムを紹介するコンテンツが見たいのかもしれません。

Googleは検索結果ページ上にあるリンクをクリックしたユーザーがリンク先のサイトにどのくらい滞在してから検索結果ページに戻ってきたのか、その時間を測定しているといわれています。

- 【参考特許】US10229166B1
  「暗黙のユーザーフィードバックに基づいた検索ランキングの修正」

  URL https://patents.google.com/patent/US10229166B1/en?oq=US+10%2c229%2c166

それにより間接的にサイト滞在時間を推測することができているといわれています。

サイト滞在時間が長いサイトは検索ユーザーの検索意図を満たしたサイトであり、短いサイトは検索意図を満たしていないサイトであると判断します。

4-2 ◆ 検索意図を推測する方法

このようにユーザーが検索するキーワードの背景にある検索意図を満たすコンテンツを掲載したページがGoogleで上位表示するようになりましたが、どうすれば検索ユーザーが抱く検索意図を推測することができるのでしょうか?

検索意図を推測する方法はとてもシンプルです。それは実際に自分が上位表示を目指すキーワードでGoogle検索をすることです。そしてどのようなページが上位表示しているのかを注意深く分析することです。

この方法でなぜ検索意図がわかるのかというと、Googleは検索意図を満たしているページを突き止めて上位表示するようになってきているからです。言い換えれば、「Googleで上位表示をしているページ = ユーザーの検索意図を満たしているページ」ということになります。

4-3 ◆ 検索意図の例

具体例を見てみましょう。たとえば「ダイエット」というキーワードで上位表示を目指す場合は、Googleで実際に「ダイエット」で検索します。そうすると検索上位20位には次のようなページが表示されていることがわかります。

(1)ダイエット方法の解説ページ
(2)ダイエット方法の種類を解説したページ
(3)ダイエットの体験談ページ
(4)ダイエットサプリメントの販売ページ
(5)ダイエットジムの紹介ページ

これらのページが上位表示されている理由は、それぞれのページが次のような検索意図を満たしているからだと思われます。

(1)ダイエット方法の解説ページ

→【検索意図1】ダイエット方法の解説ページが見たい

(2)ダイエット方法の種類を解説したページ

→【検索意図2】ダイエット方法の種類が知りたい

(3)ダイエットの体験談ページ

→【検索意図3】ダイエットの体験談が見たい

(4)ダイエットサプリメントの販売ページ

→【検索意図4】ダイエットサプリメントの販売ページが見たい

(5)ダイエットジムの紹介ページ

→【検索意図5】ダイエットジムの紹介ページが見たい

ダイエットで上位表示するにはやみくもにページを作るのではなく、これら5つの検索意図のうち、いずれかを満たすためのページを作ることが必要になります。

ダイエット以外にも次のキーワードで検索するユーザーは、次のような検索意図を抱いていることが検索上位表示ページを分析することにより見えてきます。

「暖簾」で検索するユーザーの検索意図の例

【検索意図1】既成品の暖簾を販売しているページが見たい

【検索意図2】オーダーメイドの暖簾を販売しているページが見たい

【検索意図3】暖簾の意味を説明しているページが見たい

「スキューバダイビング」で検索するユーザーの検索意図の例

【検索意図1】たくさんのスキューバダイビングのスクール情報を紹介しているページが見たい

【検索意図2】厳選されたスキューバダイビングのスクール情報を紹介しているページが見たい

【検索意図3】1つの人気があるスキューバダイビングのスクール情報を紹介しているページが見たい

【検索意図4】スキューバダイビングのライセンスを取る方法を解説しているページが見たい

4-4 ◆ 1つのページで1つの検索意図を満たす

このように現在のGoogleで上位表示するには検索意図を推測して、見つけた検索意図を満たすページを作る必要があります。ただし、ここで注意しなくてはならないのは、1つのページ内で複数の検索意図を満たそうとしてはいけないということです。

つまり、「1ページ ＝ 1検索意図」でページを作る必要があるのです。

たとえば、「暖簾」で上位表示を目指そうとする1つのページの中に、上述した検索意図のうち、「【検索意図1】既成品の暖簾を販売しているページが見たい」という検索意図を満たすために既成品の暖簾の情報を1000文字載せて、「【検索意図2】オーダーメイドの暖簾を販売しているページが見たい」という検索意図を満たすためにオーダーメイドの暖簾の情報を1000文字載せたとします。

そうするとこのページは「【検索意図1】既成品の暖簾を販売しているページが見たい」という検索意図を抱いているユーザーには中途半端なページになり、「【検索意図2】オーダーメイドの暖簾を販売しているページが見たい」という検索意図を抱いているユーザーにも中途半端なページになります。

これまで筆者は自分のサイトでもクライアントのサイトでも、1つのページで複数の検索意図を満たすコンテンツを掲載したときは上位表示することができませんでした。

反対に1つのページ内には1つの検索意図だけを満たすコンテンツを載せると上位表示する傾向が高いということが明らかになってきました。

4-5 ◆ メインコンテンツ、サプリメンタリーコンテンツ、広告

検索意図を満たしたページを作ったつもりでも実際には満たしていないことがあります。その理由は、Googleはページ内のコンテンツを分析する際に1つのページを3つのセクションに分割しているからです。

このことはGoogleが公開しているGeneral Guidelinesという品質ガイドラインで解説されています。

General GuidelinesによるとGoogleは1つひとつのページをメインコンテンツ、サプリメンタリーコンテンツ、広告という3つのセクションに分割しており、それぞれのセクション内にどのようなコンテンツが掲載されているかを詳しく分析しています。

①メインコンテンツ(MC)

メインコンテンツ(Main Content)はGoogleによると「ページが達成しようという目的を直接達成する部分のことで、ウェブ管理者が直接管理できる部分のことをいいます。メインコンテンツはテキスト(文字)、画像、動画、プログラム(計算機能やゲーム)、またはユーザーが生成してアップロードした動画、レビュー、記事などを含みます。」というものです。

●メインコンテンツ

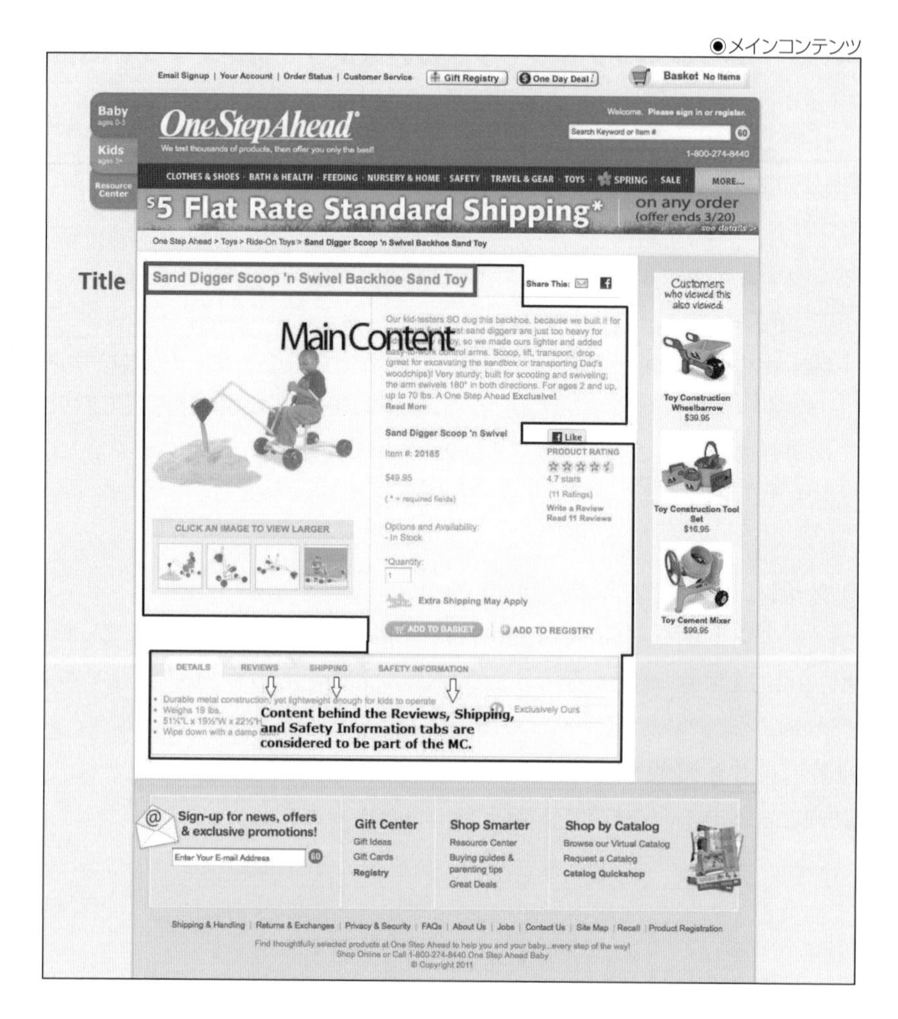

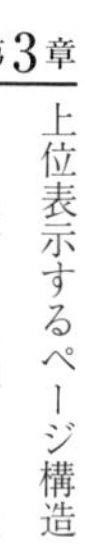

メインコンテンツ部分には検索ユーザーの検索意図を満たすコンテンツだけを載せるように努めることで上位表示しやすくなります。

②サプリメンタリーコンテンツ(SC)

サプリメンタリーコンテンツ(Supplementary Content)とはGoogleによると「ページ内でユーザーが良いユーザー体験を得られるようにするためのコンテンツで、そのページが達成する目的を直接的に達成するものではありません。サプリメンタリーコンテンツはウェブ管理者が管理できる部分であり、ユーザー体験を提供する上で重要な役割を果たすものです。サプリメンタリーコンテンツの主要なものとしてはユーザーがサイト内にある他のページに移動するためのナビゲーションリンクがあります」というものです。

◉サプリメンタリーコンテンツ

メインコンテンツ内に検索意図を満たすコンテンツを載せることに成功したとしても、そのメインコンテンツの上に配置されているヘッダーメニュー、横に配置されているサイドメニュー、下に配置されているフッターメニューなどのナビゲーション部分に書かれている文章の内容や、メニューリンクがある場合はそこからリンクされているリンク先の内容に気をつけなくてはなりません。

たとえば、「インプラント　費用」というキーワードで上位表示を目指すページのメインコンテンツにインプラントの費用のことだけを書くことができたとしても、メインコンテンツの横にあるサイドメニューの部分に歯科医院の院長先生の自己紹介文が何百文字も書かれていたらそのページのテーマがずれてしまいます。

テーマがずれないようにするためにはその自己紹介文の文字数を数十文字程度に減らすか、まったく書かないようにすべきです。ユーザーに院長の自己紹介文を読んでほしい場合は、自己紹介ページへのリンクを張るためのテキストリンクか、画像リンクを張るだけにして、このページからインプラントの費用と関係のない、あるいは低いコンテンツを減らす必要があります。

Googleがサプリメンタリーコンテンツ内で注目するのはコンテンツだけではありません。サプリメンタリーコンテンツからリンクを張っているリンク先ページの内容にも注目しています。

このページを「インプラント　費用」というキーワードで上位表示を目指すのなら、このページのサプリメンタリーコンテンツからリンクを張るページの内容はインプラントの費用に関する別のページか、少なくともインプラント治療に関連するページがサプリメンタリーコンテンツからのリンク先の多数を占めるようにするべきです。

たとえば、このページから虫歯治療のページや、予防歯科のようなインプラントとは直接関連性が低いページにたくさんリンクを張っている場合は、そうしたページへのリンクを極力、減らすようにしましょう。

反対に、そのページからインプラントの費用か、インプラント治療についてのリンクが少ない場合は、増やすようにしましょう。

それによりGoogleがそのページを全体として分析したときにページ内のほとんどのコンテンツがインプラントの費用か、インプラント治療についてのものだと認識し、「インプラント　費用」で検索するユーザーの検索意図を満たす内容だと評価してくれるようになります。

③広告（Ads）

広告（Ads）とは「ページから収益を得るために掲載されているコンテンツまたはリンク」のことをいいます。

ページ内に広告を頻繁に掲載するとユーザー体験が低下する恐れがあります。広告収入を高めるためにユーザー体験を犠牲にすると上位表示にマイナスになるリスクが生じます。広告はページ内の各箇所に最低限の数だけ載せるようにしましょう。

◉広告

- General Guidelines

URL https://static.googleusercontent.com/media/guidelines.raterhub.com/ja//searchqualityevaluatorguidelines.pdf

Googleはこのようにページの中の要素を3つのセクションに分割してそれぞれを厳しく評価しています。

上位表示を目指すページにはそのページを探しているユーザーが求める検索意図を満たすコンテンツとリンクだけを極力、載せるようにしましょう。

そうすることにより、これまで以上に検索意図を満たすページになり上位表示しやすくなります。

5 キーワード分布

5-1 ◆ ページの上から下までキーワードを分布させる

ページテーマが絞りこまれたページは上位表示されやすいのですが、どのようなページがページテーマが絞りこまれているように検索エンジンに見えるのでしょうか?

それは、3大エリア(タイトルタグ、メタディスクリプション、H1)には1つのテーマについてだけを書き、かつWebページの本文においてはページの上から下までそのページの目標キーワードが万遍なく書かれ比較的均等に分布された書き方です。

下図は「腰痛」で検索するとGoogleで1ページ目に表示されるWebページです。

◉「腰痛」で表示されるWebページ

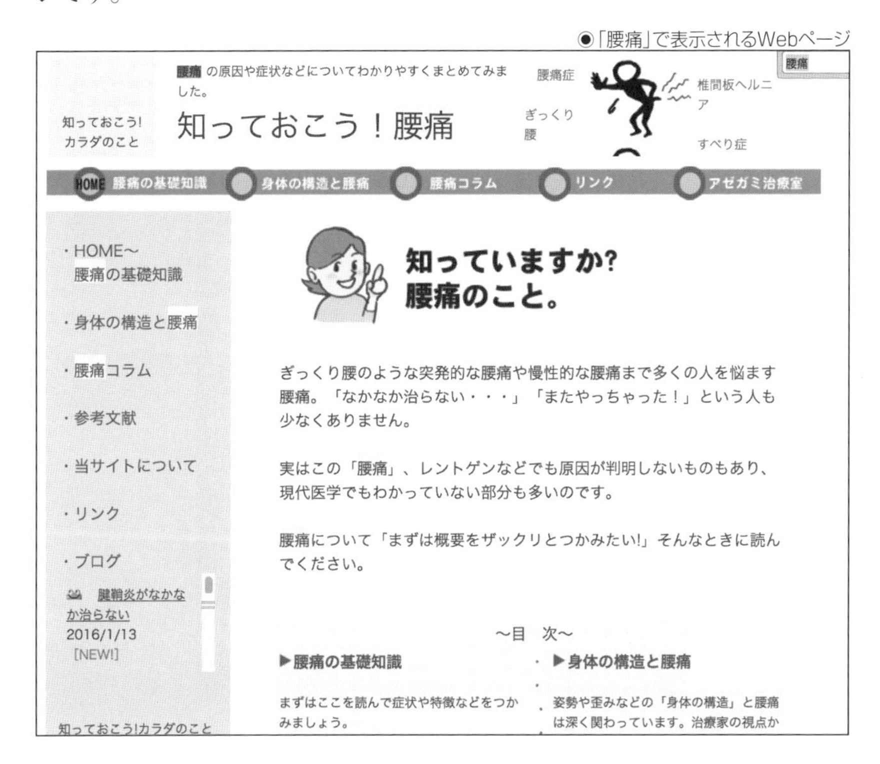

ご覧のようにページの上だけでも下だけでもなく、上から下まで万遍なく目標キーワードである腰痛という言葉が書かれて分布しておりバランスがとれたページになっています。

ページの上ばかりに腰痛が書かれていて下の方にほとんど、あるいはまったく書かれていなければ、そのページは必ずしも腰痛をテーマにしたものでない可能性が生じます。もしかしたらページの前半は腰痛について書かれていたとしても、ページの後半は頭痛など別のテーマについて書かれている可能性があるからです。

腰痛をテーマにしたページであることをGoogle にしっかりと認識してもらうには、腰痛というキーワードをページの上部、中部、下部に分布させるべきです。

5-2 ◆ 逆三角形型の分布が自然な文書構造

さらに、このキーワードの分布を突き詰めて研究すると上位表示しているページほどページの上の方にたくさん目標キーワードが書かれて、ページの中段には少し書かれており、下段にはより少ない数の目標キーワードが書かれている例が多い傾向があります。

◉上位表示しているページに多い逆三角形型のキーワード分布

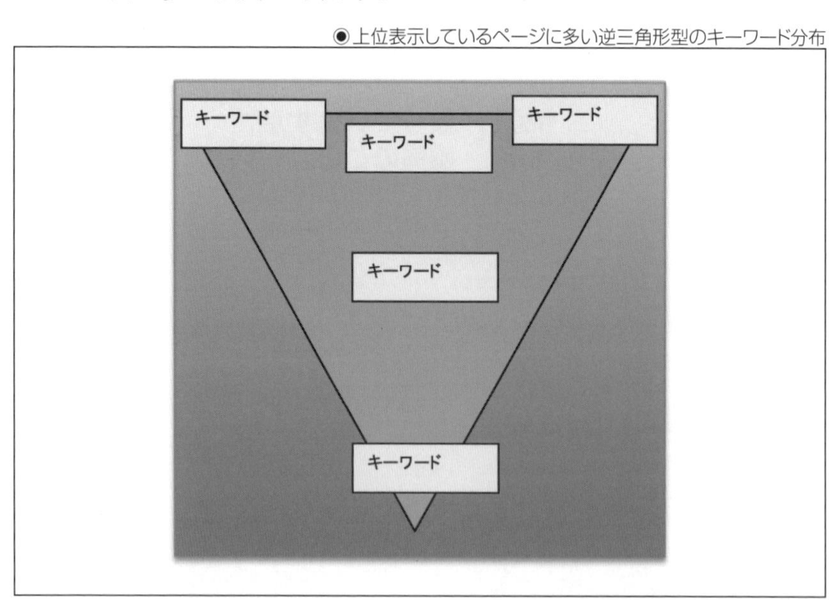

反対に、上位表示していないページや、目標キーワードを書きすぎてペナルティを受けて順位が落とされたページほど目標ページの上のほうに目標キーワードが少ししか書かれておらず、下の方にたくさん書かれている例が多い傾向にあります。

◉上位表示していないページに多い正三角形型のキーワード分布

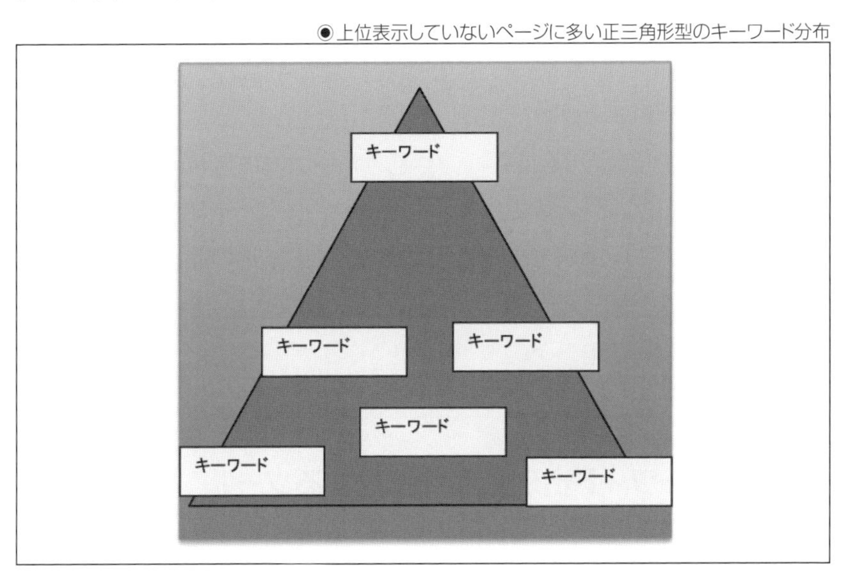

無論、例外もありますが、上位表示しているページと順位が低いページを比較していくうちにこうした傾向があることがわかります。

なぜ、このような傾向があるのかというと、1つ考えられるのは、最初から目標キーワードを明確に1つだけ決めてそのキーワードにテーマを絞ったページを作ろうとすると、ページの上の方からしっかりと目標キーワードを書き込もうと人間はするからです。

反対に、もともと複数のテーマが混在し、テーマが1つに絞られていないページは検索順位が低い傾向があるので、そのページの検索順位を上げるために後から目標キーワードを意識的に含めた文章を追加すると目標キーワードを意識し過ぎて追加した文章の中に過剰に目標キーワードが含まれてしまう傾向があるからです。

こうした理由からキーワード分布の形は不自然な正三角形を避けて、自然な逆三角形型を目指すようにしてください。

6 キーワード出現頻度

6-1 ◆ キーワード出現頻度とは?

3大エリアの次に重要な内部要素技術要因の最適化テクニックとしてはキーワード出現頻度の調整という技術があります。

キーワード出現頻度とは、特定のページのソース内に書かれている単語の総数のうち、各単語が全体でどのくらい書かれているかの比率をパーセントで表現するものです。キーワード出現頻度の公式は、次のようになります。

◉キーワード出現頻度

キーワード出現頻度 ＝
特定の単語が書かれている回数÷Webページ内に書かれている単語の総数×100

6-2 ◆ キーワード出現頻度を調査するツール

手計算で算出するのは手間がかかるので、多くのSEO実践者はキーワード出現頻度解析ツールを使って算出しています。

- キーワード出現頻度解析ツール

  URL http://www.keyword-kaiseki.jp/

◉キーワード出現頻度解析ツール

解析対象	http://plate.hankoya.com/
タイトル要素	表札の通販｜豊富なデザインなら【表札館】
meta keywords	表札,プレート
meta description	日本最大級の表札通販【最短翌日OK！】戸建て・マンション・法人用の表札を最大20%引きで販売！人気の丸三タカギを中心にシンプルから人気のデザイン表札まで980点以上をラインナップ！参考になるお客様の投稿写真も充実しています。
出現頻度(全体)【単語数：3,742】	1. 表札 143 3.8% 2. た 114 3.0% 3. ? 110 2.9% 4. 円 99 2.6% 5. ガラス 41 1.1% 6. . 39 1.0% 7. プレート 38 1.0% 8. まし 36 1.0% 9. デザイン 34 0.9% 10. ステンレス 33 0.9%

6-3 ◆ 上位表示を目指すWebページのキーワード出現頻度

キーワード出現頻度の調整には2つの観点があります。

1つ目の観点は、上位表示を目指すWebページのキーワード出現頻度です。

たとえば、下図は「SEOセミナー」というキーワードで上位表示を目指しているページ(https://www.web-planners.net/index.html)のキーワード出現頻度の調査結果です。

◉キーワード出現頻度の調査結果の例

解析対象	https://www.web-planners.net/
タイトル要素	SEOセミナーの全国開催日程 鈴木将司のSEO対策セミナー
meta keywords	SEOセミナー
meta description	SEOセミナーの開催日程。鈴木将司のGoogle・ヤフー上位表示対策。スマートフォンSEO、ソーシャルメディア、YouTube集客にも完全対応。
出現頻度(全体) 【単語数：2,301】	1. セミナー 111 4.8% 2. SEO 99 4.3% 3. 対策 40 1.7% 4. Google 39 1.7% 5. . 31 1.3% 6. 表示 29 1.3% 7. 上位 28 1.2% 7. サイト 28 1.2% 9. 検索 26 1.1% 10. 順位 20 0.9% 11. た 19 0.8% 12. 協会 16 0.7% 13. 大阪 14 0.6% 14. 集客 13 0.6% 14. 方 13 0.6% 16. 東京 12 0.5% 16. ため 12 0.5% 16. 会場 12 0.5% 19. キーワード 11 0.5%

このデータを見るとこのページの中には「セミナー」という単語が111回、「SEO」という単語が99回書かれており、ページ内に書かれている単語のうちそれぞれ4.8%、4.3%書かれていることがわかります。

この場合、「セミナー」のキーワード出現頻度が4.8%、「SEO」のキーワード出現頻度が4.3%ということになります。

問題はキーワード出現頻度を何パーセント書けば上位表示しやすくなるかです。

上位表示されやすいキーワード出現頻度を知るには、実際にGoogleで上位表示しているライバルサイトのWebページのキーワード出現頻度を調べて自社のページと比較してみることです。

下図は「SEOセミナー」というキーワードでGoogleで上位表示しているページのキーワード出現頻度の調査結果です。

順位	サイトの種類	キーワード出現頻度			
1位	セミナー開催企業のセミナー案内サイト	セミナー	3.84%	SEO	3.46%
2位	複数企業のセミナーを紹介しているサイト	セミナー	2.13%	SEO	3.41%
3位	複数企業のセミナーを紹介しているサイト	セミナー	1.82%	SEO	1.42%
4位	複数企業のセミナーを紹介しているサイト	セミナー	2.84%	SEO	1.59%
5位	複数企業のセミナーを紹介しているサイト	セミナー	1.64%	SEO	1.29%
6位	セミナー開催企業のセミナー案内サイト	セミナー	1.46%	SEO	5.06%
7位	複数企業のセミナーを紹介しているサイト	セミナー	1.24%	SEO	1.13%
8位	セミナー開催企業のセミナー案内サイト	セミナー	1.08%	SEO	2.21%
9位	セミナー開催企業のセミナー案内サイト	セミナー	0.89%	SEO	2.80%
10位	複数企業のセミナーを紹介しているサイト	セミナー	2.53%	SEO	3.80%

どの数値を参考にするべきかというと、自分のサイトと同じ種類のサイトのキーワード出現頻度です。自分のサイトがセミナー開催企業のセミナー案内サイトの場合なら、次の4つのサイトのデータだけを見ます。

順位	サイトの種類	キーワード出現頻度			
1位	セミナー開催企業のセミナー案内サイト	セミナー	3.84%	SEO	3.46%
6位	セミナー開催企業のセミナー案内サイト	セミナー	1.46%	SEO	5.06%
8位	セミナー開催企業のセミナー案内サイト	セミナー	1.08%	SEO	2.21%
9位	セミナー開催企業のセミナー案内サイト	セミナー	0.89%	SEO	2.80%

そうすると「セミナー」は一番低い数値が0.89%で一番高い数値が3.84%です。そしてよく見ると0.89%のページは順位が低く9位です。反対に順位の高いページは3.84%です。

この場合の上位表示しやすい理想的な「セミナー」のキーワード出現頻度はこの中で最も高い3.84%辺りです。反対に9位のページのキーワード出現頻度である0.89%程度だと上位表示しにくいということになります。

一方、もう1つのキーワードである「SEO」のほうは、1位のページが3.46%、6位のページが5.06%、8位が2.21%が9位が2.80%ですので3.46%から5.06%くらいの範囲が理想値だといえます。8位が2.21%、9位が2.80%なので2%台程度だと低すぎる可能性があります。

まとめると、「SEOセミナー」で上位表示しやすい理想的なキーワード出現頻度は、次のようになります。

- 「セミナー」→ 3.84%辺り
- 「SEO」→ 3.46%から5.06%くらいの範囲

この数値と自社の目標ページの数値を比較し、実際に上位表示しているライバルページのコンテンツを参考にしながら自社ページの数値を理想的なキーワード出現頻度に近づけるように編集すると上位表示しやすくなります。

6-4 ◆ 理想的なキーワード出現頻度はサイトの種類やキーワードによって異なる

このように上位表示しやすいキーワード出現頻度には絶対的な不変の数値というものはありません。Googleが2018年から実施をはじめたコアアップデート以前にはある程度の理想値がありました。しかし、Googleのアルゴリズムが洗練されるにつれて、サイトの種類や、目標キーワードによって異なるようになりました。

先ほど述べた「SEOセミナー」で上位表示しやすい理想的なキーワード出現頻度は、次のようでした。

- 「セミナー」→ 3.84%辺り
- 「SEO」→ 3.46%から5.06%くらいの範囲

これはセミナー開催企業のセミナー案内サイトの場合です。もしも自社サイトの種類がセミナー開催企業のセミナー案内サイトではなく、複数企業のセミナーを紹介しているサイトの場合は、複数企業のセミナーを紹介しているサイトの数値を参考にする必要があります。

その場合は、次の6つのページだけを見るべきです。

順位	サイトの種類	キーワード出現頻度			
2位	複数企業のセミナーを紹介しているサイト	セミナー	2.13%	SEO	3.41%
3位	複数企業のセミナーを紹介しているサイト	セミナー	1.82%	SEO	1.42%
4位	複数企業のセミナーを紹介しているサイト	セミナー	2.84%	SEO	1.59%
5位	複数企業のセミナーを紹介しているサイト	セミナー	1.64%	SEO	1.29%
7位	複数企業のセミナーを紹介しているサイト	セミナー	1.24%	SEO	1.13%
10位	複数企業のセミナーを紹介しているサイト	セミナー	2.53%	SEO	3.80%

そうすると、「セミナー」はほとんどのページが1%台から2%台の範囲なので、1%台から2%台の範囲が理想値だということになります。
「SEO」は1%台から3%台のところばかりなので1%台から3%台の範囲が理想値だということになります。

サイトの種類によってページ上にあるコンテンツの種類や表現方法が異なるので、このように自分が上位表示を目指すサイトの種類と同じサイトを参考にキーワード出現頻度の理想値を求めるようにしてください。

理想的なキーワード出現頻度は、サイトの種類だけでなく、目標キーワードによっても異なるようになってきました。たとえば、「インプラント」のGoogle検索トップ10のページのキーワード出現頻度は次のようになります。

順位	サイトの種類	キーワード出現頻度	
1位	解説ページ	インプラント	2.06%
2位	解説ページ	インプラント	3.77%
3位	解説ページ	インプラント	2.56%
4位	解説ページ	インプラント	2.66%
5位	解説ページ	インプラント	2.17%
6位	解説ページ	インプラント	2.49%
7位	解説ページ	インプラント	3.11%
8位	解説ページ	インプラント	4.37%
9位	解説ページ	インプラント	3.86%
10位	解説ページ	インプラント	2.95%

1位から10位のすべてのページは解説ページで、一部例外を除いて「インプラント」のキーワード出現頻度は2%台から3%台です。つまり、解説ページを「インプラント」で上位表示させるための理想的なキーワード出現頻度は2%台から3%台ということになります。

「矯正歯科」のGoogle検索トップ10のページのキーワード出現頻度は次のようになります。

順位	サイトの種類	キーワード出現頻度			
1位	歯科医院トップページ	矯正	3.22%	歯科	1.12%
2位	歯科医院トップページ	矯正	5.07%	歯科	2.34%
3位	歯科医院トップページ	矯正	5.27%	歯科	3.67%
4位	歯科医院トップページ	矯正	2.17%	歯科	0.72%
5位	複数のクリニックを紹介しているサイト	矯正	2.89%	歯科	1.54%
6位	歯科医院トップページ	矯正	4.04%	歯科	1.20%
7位	歯科医院トップページ	矯正	2.44%	歯科	2.04%
8位	歯科医院トップページ	矯正	4.94%	歯科	2.45%
9位	複数のクリニックを紹介しているサイト	矯正	4.10%	歯科	3.20%
10位	歯科医院トップページ	矯正	3.49%	歯科	1.19%

5位と9位以外は歯科医院トップページで、「矯正」のキーワード出現頻度は4%台から5%台というように「インプラント」に比べると出現頻度が高い傾向にあります。

ということは歯科医院トップページを「矯正歯科」で上位表示させるための理想的なキーワード出現頻度は4%台から5%台ということになります。

4位と7位は2%台ですが、キーワード出現頻度は許容範囲内であれば低いより高いほうが上位表示に有利になるので、極力、2%台は避けて4%台から5%台になるように調整したほうが上位表示しやすくなります。

「歯科」のキーワード出現頻度は4位の0.72%以外は1%台から2%台が上位表示している傾向があるので「歯科」の理想的なキーワード出現頻度は1%台から2%台ということになります。

このように同じ歯科関連のキーワードでも、次のように数値に開きがあることがわかります。

- 「インプラント」の理想的なキーワード出現頻度は2%台から3%台
- 「矯正」の理想的なキーワード出現頻度は4%台から5%台

サイトの種類やキーワードによって理想的なキーワード出現頻度は異なるということを念頭に入れるようにしてください。そして、見つけ出したキーワード出現頻度の理想値に自社ページのキーワード出現頻度を近づけるようにページ内の文字部分を編集すると、上位表示しやすくなります。

見つけ出したキーワード出現頻度の理想値よりも自社ページのキーワード出現頻度が低すぎるとキーワード不足が理由で上位表示しにくいことがあります。

反対に、多すぎる場合は過度なSEOをしているとGoogleのアルゴリズムが判断してペナルティを与えられてしまい、検索順位が極端に下げられてしまうことがあります。

自社のページが本来表示されるべき順位よりもはるかに低いときはGoogleによってペナルティを与えられている可能性が高いので、キーワード出現頻度が高すぎることを疑ってください。

そしてGoogleで上位表示しているライバルのページのキーワード出現頻度から理想値を見つけ出して、自社ページのキーワード出現頻度を理想値に近づくように編集すると検索順位が著しく改善される事例が見られます。

たとえるなら、キーワード出現頻度というのは栄養のようなものです。少なすぎると体力が低下し、多すぎると不健康になるというようなものです。

6-5◆「キーワードの乱用」を避ける

キーワード出現頻度を高めようとするときに犯すことがあるミスがあります。それはキーワード出現頻度を高めようとするあまりに無理やりページ内にキーワードを詰め込むというミスです。

Googleはその公式サイト「無関係なキーワード」(https://developers.google.com/search/docs/advanced/guidelines/irrelevant-keywords?hl=ja)で次のような行為はしないよう警告をしています。

『同じ単語や語句を不自然に感じられるほどに繰り返すこと。例:
当店では、カスタムメイド葉巻ケースを販売しています。当店のカスタムメイド葉巻ケースは手作りです。カスタムメイド葉巻ケースの購入をお考えでしたら、当店のカスタムメイド葉巻ケース スペシャリストまで custom.cigar.humidors@example.com 宛てにお問い合わせください。』

このような書き方をすると読みにくい文章を目にしたユーザーのユーザー体験が低下します。Googleが低いユーザー体験を提供するサイトの順位を高くしてしまうとGoogleという検索エンジンのユーザー体験も低下することになります。

そうした事態を避けるためにもGoogleはページ内にキーワードを詰め込む行為を「キーワードの乱用」と呼び、サイト運営者にそうした行為は避けるよう警告を発しています。

実際に筆者がこれまで見てきた多くのケースで、ページ内に詰め込んだキーワードを大幅に減らしただけで検索順位が回復したケースが多数あります。

ユーザー体験を犠牲にしてまでページ内にキーワードを詰め込み、無理やりキーワード出現頻度を高めることは避けましょう。

6-6 ◆ サイト全体のキーワード出現頻度

これまで上位表示を目指すWebページのキーワード出現頻度について述べてきましたが、キーワード出現頻度の調整には2つ目の観点があります。それは、サイト全体のキーワード出現頻度です。

上位表示を目指すWebページのキーワード出現頻度を調整するだけで順位が上がることもありますが、競争率が激しいキーワードでの上位表示を目指す場合はサイト全体のキーワード出現頻度を調整する必要があります。

いくら上位表示を目指すWebページのキーワード出現頻度を理想的な数値に近づけたとしても、そのサイトにある他のページのキーワード出現頻度が高すぎると、ペナルティを受けて検索順位が著しく低くなったり、圏外（上位100位未満）になる事例が多数あります。

反対に、低すぎるとなかなか順位が上がらなくなり順位の上昇が頭打ちになります。

下表は「矯正歯科　横浜」で2位のサイトのトップページを含めた10ページのキーワード出現頻度データです。

サイトURL	矯正	歯科	横浜
/index.html	5.82%	1.90%	1.23%
/index.html	5.82%	1.90%	1.23%
/reservation/	4.04%	0.88%	0.88%
/contact/	4.95%	1.03%	1.03%
/child-orthodontics/	3.43%	0.52%	0.52%
/orthodontics/	5.13%	0.58%	0.58%
/invisible/	4.70%	0.78%	0.78%
/part-orthodontics/	5.09%	0.99%	0.82%
/invisalign/	5.29%	0.88%	0.88%
/feature/	3.08%	0.93%	0.47%

「矯正」というキーワードがサイト内のどのページにも4%から5%台は記述されています。

一方、「矯正歯科 横浜」で19位のサイトのトップページを含めた10ページのキーワード出現頻度データは次のようになります。

サイトURL	矯正	歯科	横浜
/	3.70%	2.25%	0.66%
/step.html	2.40%	1.25%	0.31%
/clinic.html	2.57%	1.98%	0.59%
/profile.html	4.25%	4.44%	0.55%
/calendar.html	3.28%	2.73%	0.82%
/treatment.html	1.80%	1.04%	0.28%
/type.html	1.85%	1.09%	0.33%
/fee.html	2.47%	1.45%	0.44%
/information.html	1.62%	1.42%	0.51%
/category/orthodontic_qa	1.85%	0.57%	0.14%

「矯正」というキーワードが2%台から3%台がほとんどで全体的に低いことがわかります。

このようにキーワード出現頻度は上位表示を目指すWebページだけでなく、サイト内にあるその他のページも見て上位表示サイトと自社サイトの数値の差を見つけてその差を埋めるようにキーワードを調整してください。

通常ページと一覧ページ

7-1 ◆ 通常ページとは?

これまで自然な逆三角形の方が上位表示しやすいと述べてきましたが、それは通常ページの場合に限ります。

Webページには通常ページと一覧ページの2種類があります。通常ページとはページの上から下まで普通に文章が書かれており途中画像がいくつかあるようなよく見かけるページのことです。

◉通常ページの例

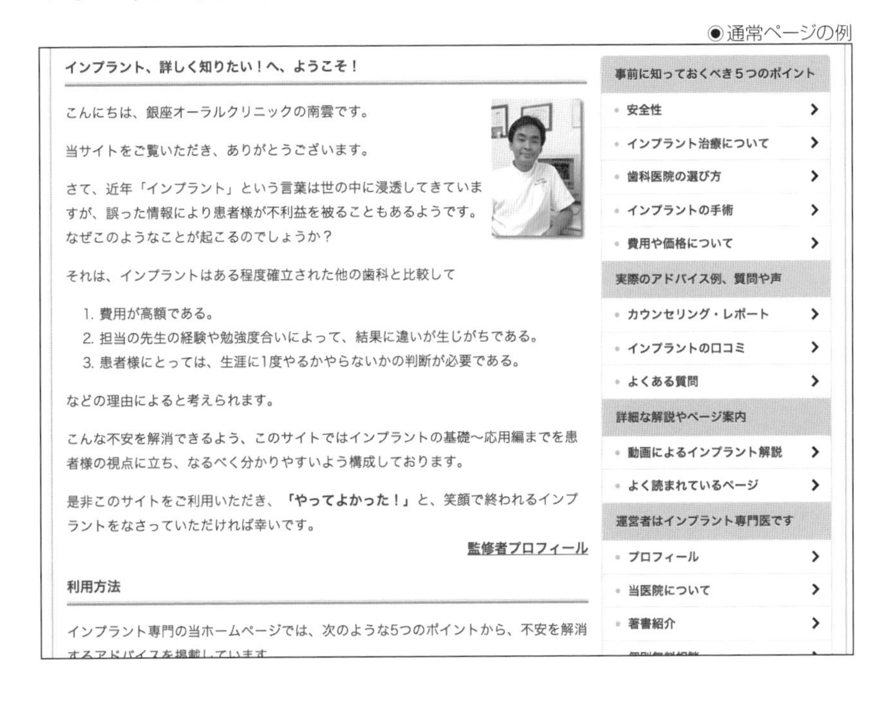

7-2 ◆ 一覧ページとは?

一方、一覧ページとは複数の通常ページにリンクを張っている通常ページへの入り口、あるいはメニューページとなるもので、複数の通常ページを束ねるページのことをいいます。

◉一覧ページの例

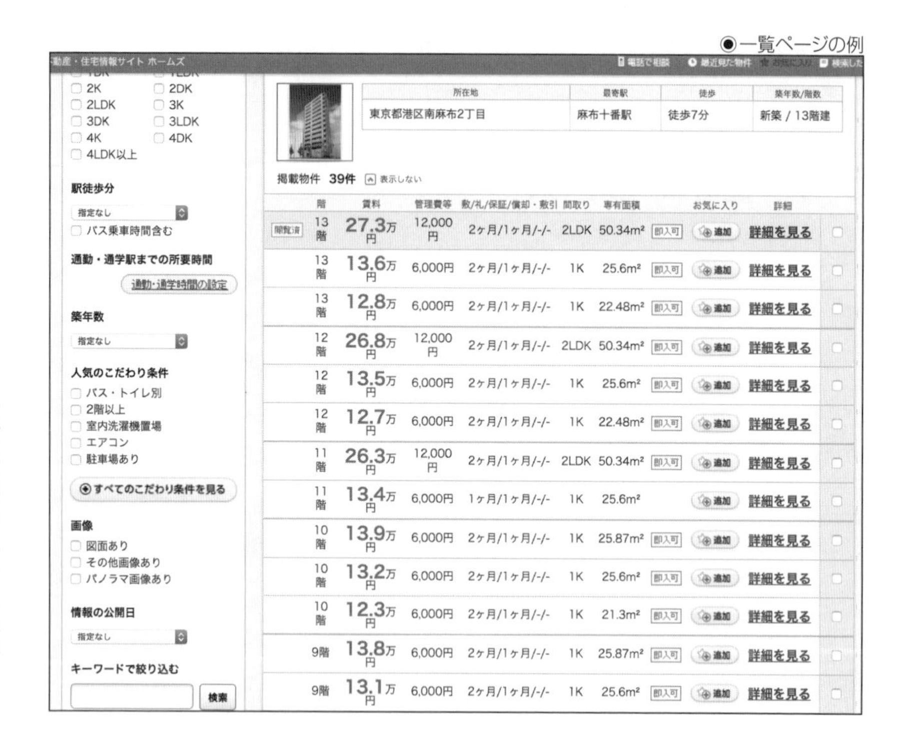

競争率が高い目標キーワードであればあるほど、通常ページよりも一覧ページの方が上位表示されやすい傾向があります。

7-3 ◆ 一覧ページの方が上位表示しやすい理由

なぜ、競争率が高い目標キーワードであればあるほど通常ページよりも一覧ページの方が上位表示されやすい傾向があるのかは次のような理由のためです。

①一覧ページの方が通常ページよりもユーザーにより多くの情報を提供しているから

下図は6つの港区内にある賃貸マンションの詳細ページへのリンクをしている港区の賃貸マンション一覧ページのサイト構造です。

◉一覧ページのサイト構造の例

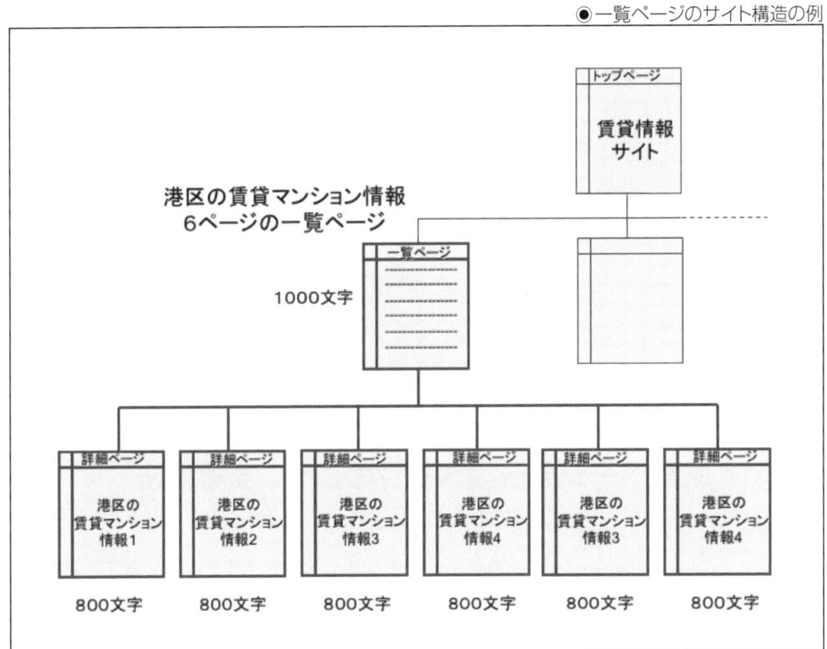

一覧ページ自体には1000文字しか港区の賃貸マンションの情報がありませんが、そこからリンクを張っている各詳細ページにはぞれぞれ800文字ずつあります。7ページの合計文字数は「1000文字+(800文字×6ページ)」なので5800文字になります。

1000文字の情報量のページよりも合計5800文字の方が検索ユーザーが探している情報をより多く提供しているので、上位表示しやすくなります。

②一覧ページの方が通常ページよりもユーザーのサイト滞在時間が長くなるから

一覧ページを見るユーザーはそこからリンクが張られている詳細ページを上から順番に見ることが多いので、ページを行ったり来たりしているうちに通常ページと比べるとより長い時間サイトに滞在することになります。そして、Googleはサイト滞在時間が長いサイトを高く評価するため上位表示効果が出やすくなります。

③一覧ページは関連性が高い複数のサブページがサイト内リンクを張っているから

Googleのアルゴリズムの1つとして昔からあるのが、関連性の高いページからリンクを張られたページはそうでない場合に比べて上位表示しやすくなるというものがあります。

このように複数の関連性が高いページを束ねる一覧ページは上位表示しやすいのですが、どうしても通常ページで上位表示を目指さなくてはならない場合はどうすればよいのでしょうか?

7-4 ◆ 通常ページを一覧ページのようにする方法

それは、通常ページの下の方でもよいのでそのページに関連性が高いページがサイト内にあるかを探し、それらのページにリンクを張るのです。

そうすることでページの前半は通常ページでも後半はそのページのテーマに関連性が高い複数のページにリンクを張っている一覧ページのように変身することができます。

次ページの図はもともと通常ページだったページの後半にそのページのテーマに関連性が高いページをいくつもサイト内から見つけてリンクを張りページの後半部分を一覧ページのようにしたページです。このページは通常ページの状態だったときは「任意売却 離婚」というキーワードでの検索順位が5位くらいまでしか上がりませんでしたが、ページの後半を一覧ページにしたら1カ月後に最高2位まで上がりました。

◉一覧ページの例

に返済義務があります。ただし、主債務者が返済できない場合には連帯保証人に返済義務が発生します。筒井さんの場合は、元ご主人が自己破産をされる予定だったので、確実に返済義務が回ってくると考えられました。そこで、競売と比べて残債務を減らすことと、残債務の返済額についての話し合いが可能な任意売却で影響を最小限にすることになりました。

筒井さん：「保険関係の仕事をしていることから、私は自己破産をするわけにはいきません。感情的には許せない部分が大きいですが、住宅ローンを組む際は正直そこまで想定していなかったので、仕方がないと今は思います。とにかく、無事に解決できてよかったです」

▲ケース一覧に戻る

離婚前後の任意売却　よく頂く質問

質問（1）　離婚のタイミングで連帯保証人から外れることはできますか？
質問（2）　別れた夫が知らない間に住宅ローンを滞納していました。引っ越さないといけない？
質問（3）　名義人の元夫が住宅ローンを滞納。連絡が取れません。任意売却は可能でしょうか？
質問（4）　別れた妻（連帯保証人）が住む家を任意売却したいのですが・・・
質問（5）　返済が厳しいのに売却しない夫。離婚したいが･･･。
質問（6）　離婚します。その後の住宅ローンが気になります。
質問（7）　元夫が住宅ローン滞納。その家に住んでいるのですが。
質問（8）　任意売却をするのに元夫に現住所を知られたくない。
質問（9）　元夫が任意売却をします。連帯保証人の私はどうなりますか。
質問（10）　住宅ローンが残っていますが、離婚後にできるだけ多くお金を残すマンションの売り方

ただし、テーマに関連性があまりないページにリンクを張ってしまうと目標ページのテーマがブレてしまうので、必ずリンクを張るのは関連性が高いページだけにするようにしてください。

また、どうしてもサイト内に関連性が高いページがない場合は、少なくとも3ページ以上は新規作成して、それらにリンクを張るようにしてください。

追加するページの記事がなかなか書けないときは、この例のように目標ページのテーマに関連するQ&Aページ（質疑応答ページ）にすれば比較的短時間で記事が書けるはずです。

7-5 ◆ 一覧ページは逆三角形型のキーワード分布でなくてもよい

前述のように、通常ページの場合は逆三角形型のキーワードの分布がより自然な文章であることをGoogleにアピールできて上位表示しやすくなりますが、一覧ページの場合はその構造上逆三角形型であることはほとんどなく、上から下までほとんど万遍なくキーワードが分布しています。

下図は「プリウス 中古車」でGoogleの検索結果1ページ目に表示されている一覧ページです。一覧ページの性質ゆえにプリウスの詳細ページにリンクを張っているテキストリンク部分にはプリウスというキーワードが含まれています。

●「プリウス 中古車」で表示される一覧ページ

一覧ページというのはある特定のテーマの複数のページにリンクを張っているという性質があるため、無理やり逆三角形型のキーワード分布にする必要はありません。

ただし、正三角形型のキーワード分布になるのは不自然です。上のプリウスの一覧ページに無理やりプリウスという言葉を書き込んで上位表示に有利にしようとした場合、よくサイト運営者が行うのがプリウスという言葉をたくさん詰め込んだ文章をページの下のほうに追加するというやり方です。

このようなことをすると不自然なページになってしまい、検索エンジンはユーザーに見にくいページを上位表示するわけにはいかないので必然的に上位表示はされず、むしろ下位に表示される結果を招くことになります。

8 ページ内の文字数

8-1 ◆ ページの文字数は何文字以上、書けばよいのか?

SEOを始めたばかりの方が疑問に思うことの1つは、ページ内にはどのくらい文字を書けば上位表示しやすくなるのかという疑問です。

文字数が多ければ確実に上位表示するというものではありません。あくまでも検索ユーザーが満足するだけの情報量を提供するのがSEO担当者やWebサイト運営の責務です。

しかし、それでも文字数が少ないページのほうが多いページよりも上位表示しにくいことは確かです。さまざまなページの文字数を計測した結果、概ね次のような目標値が適切だということがわかってきました。

(1)上位表示を目指さないページの文字数は=500文字以上

(2)上位表示を目指すページの文字数は=800文字以上

(3)競争率が激しい目標キーワードを設定したページの文字数は=3800文字以上

8-2 ◆ 上位表示を目指さないページの文字数

サイトの中でも文字数が少なくてよいページがあります。それは上位表示を目指していないページです。上位表示を目指すことがほとんどないページには次のようなものがあります。

(1)プライバシーポリシー
(2)会社概要
(3)お問い合わせフォーム
(4)サイトマップ

ほとんどのサイトでこうしたページは目標キーワードがあるわけではなく、サイトの1つの機能としてのページでしかありません。

上位表示を目指さないページの文字数は500文字以上になるようにしてください。

たとえ上位表示を目指さないページでも、検索エンジンはサイト全体の評価が高いサイトにあるページを上位表示します。そのため、こうしたページにもトップページで上位表示を目指しているキーワードや、その関連キーワードを入れるなりして文字数を500文字以上にするようにしてください。

次の例は実際に「債務整理」というビッグキーワードでGoogleで検索すると1ページ目に表示されているサイトにあるお問合せフォームのページです。そこには約500文字の文章やフレーズがフォーム記入欄の上に書かれています。

債務整理・過払い金に関する無料お問い合わせ

このページは，債務整理（自己破産，民事再生，任意整理，過払い金請求）の無料相談に関するお問い合わせができるページです。

※ご契約までには，全国各地の支店または池袋本店にお越しいただいての無料相談，もしくは無料出張相談でのご相談が必要になります。

■法人のお客様はこちらからお問い合わせください。
■債務整理・過払い金以外のご相談についてはこちらをご確認ください。

【無料出張相談を行っています】
当事務所にお越しになることが難しい方のために，無料出張相談を行っています。各主要都市（北見，帯広，室蘭，北上，会津若松，いわき，太田，小山，甲府のいずれか）で実施しますので，場所や日時に関しては個別にお問合わせください。

ご相談をご希望の方は，ご予約の空き状況をリアルタイムで確認しながらご予約をとる必要がございます。恐れ入りますが，下記フリーコールまでご連絡いただきますようお願い申し上げます。

ゼロイチニーゼロ サイム ナシニ
FREE 0120-316-742
朝10時～夜10時まで・土日祝日休まず受付中です

お問い合わせフォーム

※携帯電話のアドレスをご登録の方は「@adire.jp」からのドメイン受信設定をしてください。

【新規】 整理お問い合わせフォーム

氏名 必須	姓	（例）日本

第3章 上位表示するページ構造

8-3 ◆ 上位表示を目指すページの文字数

何らかの目標キーワードを設定したページ、つまり上位表示を目指しているページには最低でも800文字以上、書くことをおすすめします。ビッグキーワードではなく、ミドルキーワードやスモールキーワードで上位表示しているページの文字数をカウントすると、ほとんどの場合、800文字以上、書かれているからです。上位表示を目指すページの文字数は800文字以上を目指してください。

8-4 ◆ 競争率が激しいページの文字数

「インプラント」や「印鑑」などの競争率が高いビッグキーワードでの上位表示を目指すページの文字数をカウントすると、近年では3800文字以上、書かれていることが多いことがわかってきました。競争率が激しい目標キーワードを設定したページの文字数は3800文字以上を目指してください。

8-5 ◆ 文字数を簡単に数える方法

ページ内の文字数は肉眼で1つひとつ数えると時間がかかってしまいます。簡単に文字数を数える方法としては文字数をカウントするサイトを使うことです。

手順としてはまず、カウントしたい文字の部分を下図のようにマウスで選択して反転表示します。

◉文字列の選択

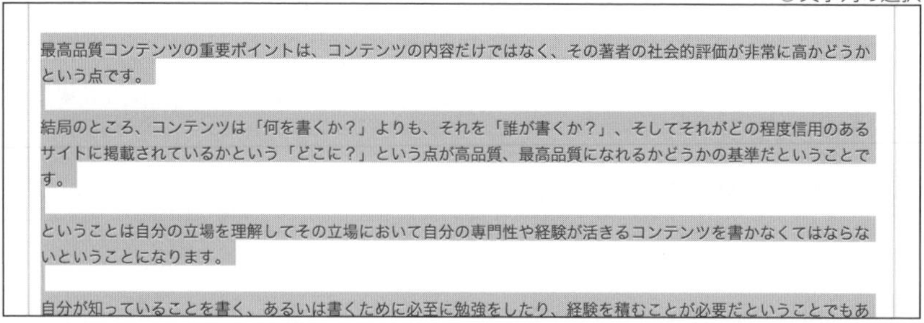

最高品質コンテンツの重要ポイントは、コンテンツの内容だけではなく、その著者の社会的評価が非常に高かどうかという点です。

結局のところ、コンテンツは「何を書くか？」よりも、それを「誰が書くか？」、そしてそれがどの程度信用のあるサイトに掲載されているかという「どこに？」という点が高品質、最高品質になれるかどうかの基準だということです。

ということは自分の立場を理解してその立場において自分の専門性や経験が活きるコンテンツを書かなくてはならないということになります。

自分が知っていることを書く、あるいは書くために必至に勉強をしたり、経験を積むことが必要だということでもあ

次に、それをコピーして文字数カウントサイト（http://www1.odn.ne.jp/megukuma/count.htmなど）の文字入力欄に貼り付けカウントボタンをクリックします。そうすると下図のように文字数が即時に計算されて表示されます。

◉文字カウントサイトの一例

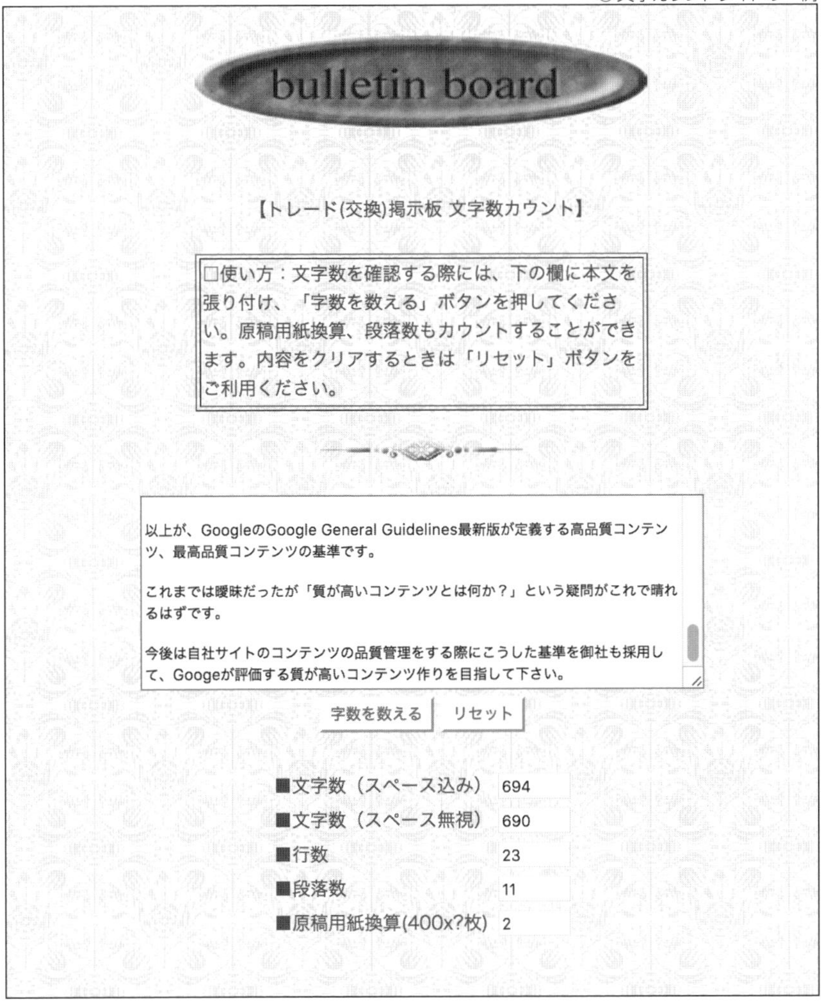

bulletin board

【トレード(交換)掲示板 文字数カウント】

□使い方：文字数を確認する際には、下の欄に本文を張り付け、「字数を数える」ボタンを押してください。原稿用紙換算、段落数もカウントすることができます。内容をクリアするときは「リセット」ボタンをご利用ください。

以上が、GoogleのGoogle General Guidelines最新版が定義する高品質コンテンツ、最高品質コンテンツの基準です。

これまでは曖昧だったが「質が高いコンテンツとは何か？」という疑問がこれで晴れるはずです。

今後は自社サイトのコンテンツの品質管理をする際にこうした基準を御社も採用して、Googeが評価する質が高いコンテンツ作りを目指して下さい。

字数を数える　リセット

■文字数（スペース込み） 694
■文字数（スペース無視） 690
■行数 23
■段落数 11
■原稿用紙換算(400x?枚) 2

8-6 ◆ 文字数が多い業界は？

以上がほとんどの業界、目標キーワードで上位表示しているサイトにある各ページの文字数の目安です。いくつかの業種においてはそれらよりも2倍かそれ以上の文字数がないと上位表示しにくいということがわかってきました。それらは次のような業種です。

(1)法律業界
(2)医療・健康・美容業界
(3)その他の技術系の業界

なぜ、これらの業界のサイトは他の業界に比べて文字数が2倍かそれ以上書かれている傾向があるのかというと専門知識がないと理解しにくいテーマを扱っているため、一般の人でも理解できるように丁寧に書かないとメッセージが伝わらないからだと思われます。

こうした業界のWebページの上位表示を目指している場合は、次の文字数を目指してください。

(1)上位表示を目指さないページの文字数は500文字以上×2=1000文字以上
(2)上位表示を目指すページの文字数は800文字以上×2=1600文字以上
(3)競争率が激しい目標キーワードを設定したページの文字数は3800文字以上×2=7600文字以上

8-7 ◆ 文字数が多いだけではコンテンツの質は下がる

ただし、文字数を増やすことだけを考えてWebページを作成すると大きなマイナスが生じます。

それは文字ばかりがたくさん書かれたページは一般の読者にとっては読みにくいために読まれなくなってしまったり、ブラウザの戻るボタンをクリックしてそのページから離脱してしまうことが増えるということです。

今の時代は新聞でもたくさんの写真や図、イラストなどを載せて文章内容の理解を助けたり、興味を抱かせるような工夫をしています。書籍でも従来の文字ばかりのものよりも、わかりやすくするための画像がたくさん用いられているものが売れる傾向にあります。

読者離れ、ユーザー離れを引き起こさないためにも文字を増やせば増やすほど、その分、画像も増やすように心がけてください。

次の例は心臓外科手術という非常に難しいテーマを扱っているサイトのページです。サイト運営者が各ページ最低でも3つの画像を載せて読者に興味を抱かせ、理解を深めてもらう努力をしているサイトです。

- 心臓外科手術情報WEB

URL http://www.shinzougekashujutsu.com/web/2009/09/10-136b.html

◉心臓外科手術情報WEB

Q2．私は貴病院から遠方に住んでいますが、
どうすればその不便さをうまくこなせるでしょうか？
→遠方の患者さんの場合は？

Q3．他院でオペを受けたらこれまでお世話になった循環器内科の先生に見捨てられないでしょうか？
→お答えはこちら

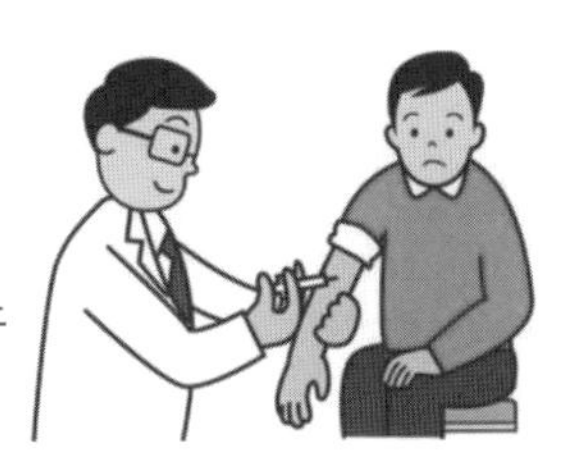

Q4．今後そちらでかかりつけ医としてずっと外来通院したいのですが、、、
→かかりつけ医の大切さ

Q5．現在通っている病院では心配なのでセカンドオピニオンをもらいたいのですが、、、

→セカンドオピニオンのもらい方

Q6. 付き添いは必要ですか？
→付き添いさんについて

Q7. 私は80歳近い後期高齢者だし、もう生きる意味があるんでしょうか？
→ 後期高齢者の患者さん

正味有効テキストをGoogleは評価する

9-1 ◆ 正味有効テキストとは?

Webページ内に文字を増やすことは上位表示をするための重要な手法ですが、何でもいいから文字を増やすということではありません。上位表示に効果のある文字を増やす必要があります。

上位表示をする上で効果のある文字のことを「正味有効テキスト」(Net Effective Text)と呼びます。正味有効テキストをWebページ内に増やすことが上位表示にプラスに働きます。

正味有効テキストは、次の4つの特徴があります。

(1)そのページにしか書かれていないオリジナル文章
(2)テキストリンク以外の文章
(3)画像のALT属性以外の文章
(4)単語の羅列ではない助詞、助動詞、句読点などが含まれた文章

9-2 ◆ そのページにしか書かれていないオリジナル文章

Googleは他のページに書かれていない、そのページにだけ書かれている文章を高く評価します。同じサイト内にある他のページや、他のドメインのサイトにあるページに書かれている文章をコピーして自社のWebページに掲載すると、そのページの評価が下がり検索順位が上がりにくくなります。

それどころかそうしたコピーコンテンツ、重複コンテンツを増やせば増やすほどサイト全体の評価が下がり、サイト内のどのページにも悪影響を及ぼすことになります。

現実には100%オリジナル文章ということは難しいので少なくともページ内の本文に書かれている文字の70%以上をオリジナル文章にすることを目指してください。

9-3 ◆ テキストリンク以外の文章

Webページ内のテキスト（文字）の中には通常のテキストだけではなく、テキストリンク（アンカーテキストリンク）が含まれているときがあります。下図は本文の中にテキストリンクが含まれた例です。

◉テキストリンクが含まれた例

> 上記の通り、イラストレーター以外は、こちらで原稿作成いたしますが、
> 書体はこちらにある近似書体になりますのでご了承ください。
> ロゴやイラストがある場合はトレース料(3,000円/1点）がかかります。
>
> 原稿は１案（書体や色違いなら3案まで）お出し致します。
> 修正は何度でも無料です。
> 提案をご希望される方は、デザイナーズプランをご検討下さい。

「デザイナーズプラン」という部分をクリックすると、デザイナーズプランについて説明したページにユーザーは移動します。このように、テキストリンク部分に書かれている言葉は基本的に他のページの内容を指し示すのでリンク先についての情報です。リンクを張っているページの情報ではありません。

そのため、正味有効テキストの文字数を数えるときにはテキストリンク内の文字は含めないようにしてください。

9-4 ◆ 画像のALT属性以外の文章

Webページ内にJPEGやGIFなどの画像を掲載するときに、その画像が何の画像かを端的に説明するのが画像のALT属性部分です。

通常、ALT属性には下図にあるように画像についての端的な説明を文字で記述します。

◉画像の例

◉上図のソースとその中のALT属性の例

```
<img src="/img/share/img_head_voice01.png" alt="お客様の声1200件突破" />
```

そうすることでGoogleなどの検索エンジンは画像の内容を理解しやすくなります。しかし、SEOのためにALT属性の中にたくさんの文字を詰め込むことが流行したため、最近ではALT属性の中の文字を高く評価しない傾向があります。そのため、正味有効テキストにはALT属性に記述した文字は含めないようにしてください。

9-5 ◆ 単語の羅列ではない助詞、助動詞、句読点などが含まれた文章

正味有効テキストには単なる単語の羅列は含まれません。段落内の文章の一部に少し単語の羅列があるものは含まれますが、単語の羅列だけの段落にある文字は検索エンジンの評価が低いために正味有効テキストには含まれません。

◉正味有効テキストにはならない単なる単語の羅列の例

青山・原宿・表参道
渋谷・松涛
代々木公園・代々木上原
恵比寿・代官山・中目黒
乃木坂・赤坂・溜池
白金・高輪
六本木・麻布・広尾
芝浦・台場
銀座・築地・八丁堀
代々木・千駄ヶ谷
新宿・四谷・市ヶ谷
目黒・五反田

下記は「、」や「。」の句読点、「で」「を」「の」「は」などの助詞、「です」などの助動詞が含まれているのと、地域名の数がやや少ないので正味有効テキストになります。

◉段落内の文章の一部に単語の羅列が少しあるが正味有効テキストとなる例

溜池山王、赤坂、青山、原宿、表参道方面で店舗物件をお探しの方は担当の鈴木までお気軽にお問合せください。営業時間は9時から18時です。水曜日は定休日です。

また、表(テーブル)の中に記述されているデータも文章でないものは単語の羅列扱いになります。正味有効テキストとして数えないようにしてください。

◉表の中に記述されているデータの例

じゃがいも	360グラム
たまねぎ	280グラム
牛肉(薄切り)	200グラム
しらたき	200グラム
サラダ油	36グラム
砂糖	27グラム
清酒	30グラム
みりん	36グラム
しょうゆ	81グラム

このようにGoogleなどの検索エンジンは単語の羅列やテキストリンク、ALT属性内の文字など、簡単に増やすことができる文字は高く評価しません。高く評価するのは他のWebページに書かれていない一定の努力を必要とする文章に限られます。

9-6 ◆ 正味有効テキストを増やす工夫

正味有効テキストをWebページ内に増やすことは上位表示をするために重要なことですが、簡単なことではありません。

正味有効テキストを増やす工夫には次のような方法があります。

(1)画像を追加して画像の下に画像の説明文を書く

(2)今ある段落の下にさらに補足の説明を加える

(3)事例やレビュー、お客様の声などを追加する

(4)関連した最新情報を最新ニュースとして追加する

(5)関連したテーマのコラムなどを追加する

(6)関連したテーマのQ&Aや質問文だけを追加する

上位表示を目指すページはもちろん、文字数が少ないページはこうした工夫をするなどして正味有効テキストを増やすようにしてください。

10 文章構造を示すタグ

その他の重要な内部要素技術要因の最適化テクニックとしては特別なタグを使用して検索エンジンに情報を与える技術があります。

この技術を使うことにより使わない場合に比べて若干、上位表示にプラスに働くことがあります。

10-1 ◆ 見出しを意味するタグ

HタグのHはheading(ヘッディング)の略で、見出しを意味する言葉です。Hタグには<h1>、<h2>、<h3>、<h4>、<h5>、<h6>があります。

①<h1>タグ = 大見出し

<h1>タグは大見出しのことを意味します。大見出しというのは通常、その文書の主題を大きな文字で書いた部分です。

◉<h1>タグを使った大見出しの例

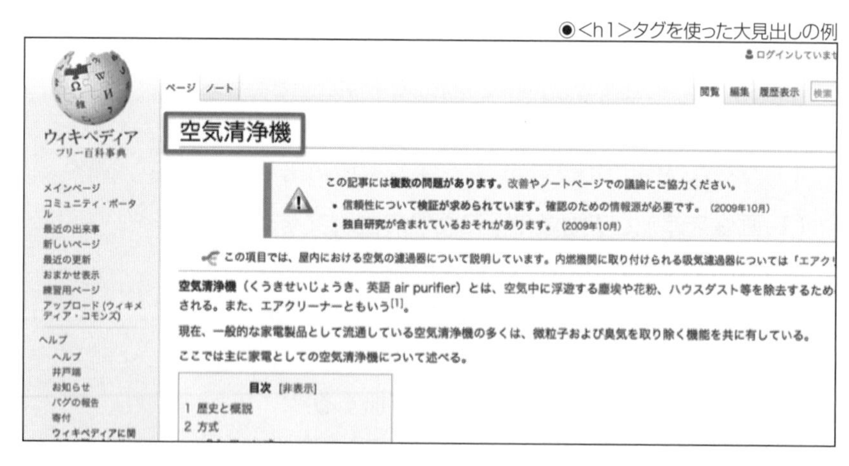

◉その部分のソース例

```
<h1 id="firstHeading" class="firstHeading" lang="ja">空気清浄機</h1>
```

<h1>タグはHタグの中でも最も上位表示を目指す上で重要なタグの1つです。上位表示を目指すためにはそのWebページの<h1>タグに上位表示を目指す目標キーワードを書くか、それが含まれたフレーズを書くようにしてください。

<h1>タグは大きなサイズで表示されますが、それがページのデザイン上好ましくない場合はCSS（スタイルシート）を使って文字の大きさを小さくしても問題ありません。

また、<h1>タグに記述する内容は極力、ページごとに変えるとGoogleがそのページの意味をより理解してくれて上位表示に貢献することになります。

Googleはその公式ブログで<h1>タグを使ったほうがSEO上、若干プラスになるということやCSSを使ってフォントの大きさを小さくしてもよいなど、<h1>タグについての情報提供も行っています。

URL https://googlewebmastercentral.blogspot.jp/2010/12/holiday-source-code-housekeeping.html

◉Googleの公式ブログでの<h1>タグの情報

Keep your <h> elements in their place

Another quick fix in your housekeeping is assuring your website makes proper use of heading tags. In our non-profit study, nearly 19% of submitted sites had room for improvement with heading elements. The most common problem in heading tags was the tendency to initiate headers with an <h2> or <h3> tag while not including an <h1> tag, presumably for aesthetic reasons.

Headings give you the opportunity to tell both Google and users what's important to you and your website. The lower the number on your heading tag, the more important the text, in the eyes of Google and your users. Take advantage of that <h1> tag! If you don't like how an <h1> tag is rendered visually, you can always alter its appearance in your CSS.

②<h2>タグ = 中見出し

<h2>タグは大見出しの次に大きな見出しである中見出しだということを検索エンジンに伝えるためのタグです。そこには自然な形で目標キーワードが含まれた中見出しに相当するフレーズを含めるとよいでしょう。しかし、SEOのために無理やり目標キーワードを詰め込んだ書き方や、同じ目標キーワードを複数回、同じ<h2>タグに含めることは避けてください。

③<h3>～<h6>タグ = 小見出し

<h3>から<h6>タグは文書における小見出しだということを検索エンジンに伝えるためのタグです。<h2>タグで囲われている部分の中に、さらに小見出しを書くときに使うことができます。

Hタグの全体的な書き方は次のような構造になります。

●Hタグの全体構造

```
<h1> ここに大見出しを書く</h1>
<h2> ここには１つ目の中見出しを書く</h2>
<p> ここには１つ目の段落となる文章を書く</p>
<h2> ここには２つ目の中見出しを書く</h2>
<p> ここには２つ目の段落となる文章を書く</p>
<h3> ここには１つ目の小見出しを書く</h3>
<p> ここには上の小見出しをテーマにした段落となる文章を書く</p>
<h3> ここには２つ目の小見出しを書く</h3>
<p> ここには上の小見出しをテーマにした段落となる文章を書く</p>
<h3> ここには３つ目の小見出しを書く</h3>
<p> ここには上の小見出しをテーマにした段落となる文章を書く</p>
```

10-2◆段落を意味するタグ

PタグのPはparagraph（パラグラフ）の略で段落を意味します。Webページの本文にある各段落の最初には<p>を入れて終わりには</p>と入れることでGoogleなどの検索エンジンがその部分をメインコンテンツ内にある段落だということを認識するようになります。

◉Pタグの実例

```
<p>ハワイ諸島で2番目の大きさを誇るこの島には目を見張るような自然が広がり、世
界的に有名なビーチと冬季のホエール・ウォッチングが人気を集めています。</p>
```

10-3 ◆ リストを意味するタグ

リストタグは箇条書きになる部分に使うタグで<ul>、<ol>、<li>があります。Googleなどの検索エンジンに箇条書きであることを伝えるタグです。

◉リストタグの実例

```
<ul>
<li><a href="/jp/statewide/discover">ハワイを知る</a></li>
<li><a href="/jp/statewide/first-trip-to-hawaii">初めてのハワイ</a></li>
<li><a href="/jp/statewide/choose-an-island">島を選択</a></li>
</ul>
```

11 キーワードを強めるタグ

検索エンジンに対してWebページ内の特定のキーワードを重要なキーワードだと認識してほしいときに使うタグとして強調タグを使うという慣例があります。これを使うことにより上位表示に非常に効果的だというものではありませんが、ページ内の情報をより詳しく検索エンジンに認識してもらうためには一定のプラスに成り得ます。

11-1 ◆ 強調タグ(1)

強調に関するタグの1つに<strong>タグがあります。特定の単語、または語句を強調したいときにはその部分の最初に<strong>を入れて、終わりの部分に</strong>を入れます。通常、<strong>と</strong>によって囲われた文字列は太字になります。<strong>タグは重要性、深刻性、緊急性を表す場合に使用します。

◉ストロングタグの実例

```
<strong class="name">カウアイ島</strong>
<strong class="byline">Island of Discovery</strong>
<p>ハワイの最北端に位置する最古の島では、劇的な美しさを誇る雄大な自然と、忘れられないアウトドア・アドベンチャーが待っています。</p>
```

◉その部分をブラウザで見たときの実例

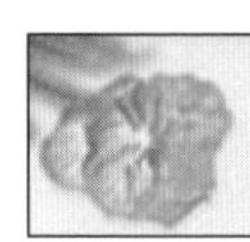

カウアイ島
Island of Discovery

ハワイの最北端に位置する最古の島では、劇的な美しさを誇る雄大な自然と、忘れられないアウトドア・アドベンチャーが待っています。

11-2 ◆ 強調タグ(2)

強調に関するタグのもう1つが<em>タグです。通常、<em>と</em>によってで囲われた部分は斜体になります。斜体にすることにより強調したい部分に<em>タグを使うようにしてください。強調させることで文章の意味を変えたいときに使用します。

以上が、ページの内部要素の技術要因の最適化の手法ですが、実はもう1つ非常に重要な最適化の手法があります。それはサイト内リンク構造の最適化というものです。次章ではサイト内リンク構造の最適化とは何か、その方法を解説します。

第4章

上位表示するサイト内リンク構造

Googleは伝統的にリンク構造を順位決定の重要な評価対象としています。

リンク構造は外部ドメインのサイトから自社サイトへの被リンクだけだと思いがちですが、実はサイト内にあるページからページへのリンク構造もGoogleは非常に注意深く調べて順位算定に役立てています。サイト内のリンク構造最適化は検索順位アップの大きな伸びしろです。

上位表示と成約率アップを目指すレイアウト

1-1 ◆ 内部リンク構造

次に重要な内部要素技術要因の最適化テクニックはサイト内部のリンク構造の調整です。

Googleは伝統的にリンク構造を順位決定の重要な評価対象としています。リンク構造というと、通常、外部ドメインのサイトから自社サイトへの被リンクだけだと思いがちですが、実はサイト内にあるページからページへのリンク構造も非常に注意深く調べて順位算定に役立てています。

Googleが過剰なSEOを取り締まるペンギンアップデートを実施して以来、外部ドメインのサイトから自社サイトへの被リンクを獲得することはリスクがあり、従来のように気軽に増やすことが困難になってきています。そのため、サイト内の内部リンク構造を最適化することは検索順位アップの大きな伸びしろになりました。

サイト内の内部リンク構造の最適化には、次の重要ポイントがあります。

(1)わかりやすいナビゲーション

(2)アンカーテキストマッチ

(3)画像のALT属性

(4)関連性の高いページへのサイト内リンク

1-2 ◆ わかりやすいナビゲーション

ナビゲーションというのはWebページ内にあるメニューのことです。ナビゲーションには、次の3つがあります。

(1)ヘッダーメニュー

(2)サイドメニュー

(3)フッターメニュー

◉ナビゲーション

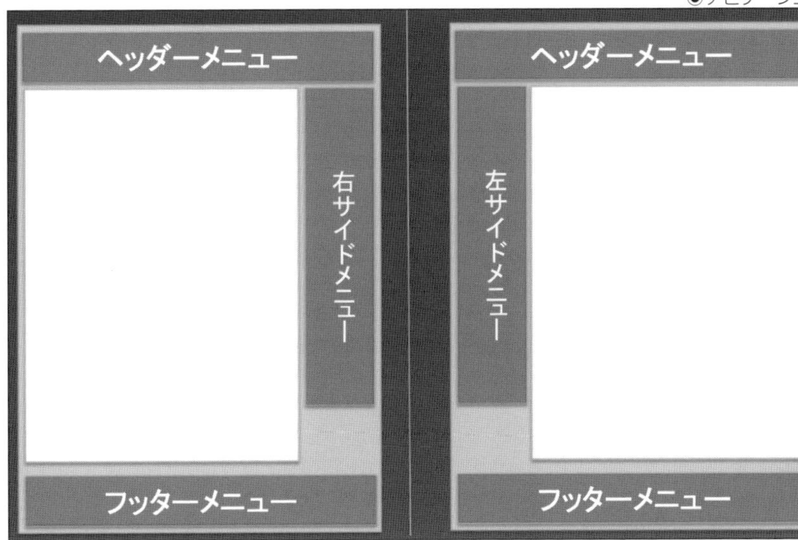

ナビゲーションはユーザーに一目でわかってもらえるように明瞭に設計する必要があります。そうすることにより検索エンジンにもわかりやすくなり上位表示に貢献します。さらには、サイトを訪問したユーザーが他のページも見てくれるようになりサイト滞在時間が伸びて検索エンジンによる評価が高まりさらに上位表示に貢献するようになります。

検索エンジンがナビゲーションにおいて評価対象にしているのは、<a></a>というリンクを張るためのアンカータグがある、テキストリンクか、画像リンクのいずれかの形のものに限られます。

◉テキストによるアンカータグの例

```
<a href="qanda.html">よくいただくご質問</a>
```

◉上記の表示例

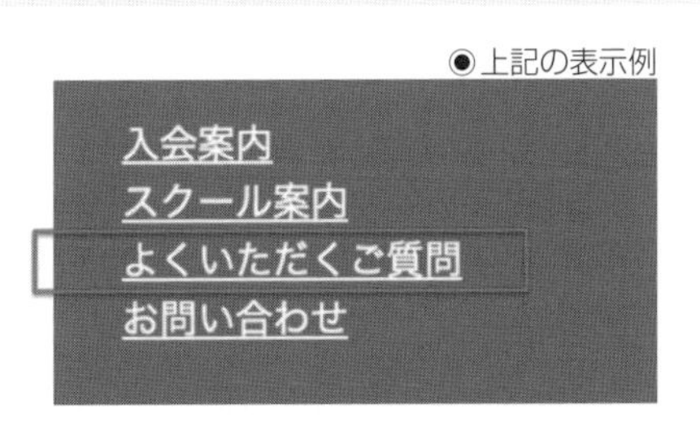

◉画像によるアンカータグの例

```
<a href="natural-material.html">
<img src="images/header_menu04_off.gif" alt="自然素材紹介" border="0">
</a>
```

◉上記の表示例

リフォームメニュー	事例集	自然素材紹介	Q&A	お客様の声	お問い合わせ

1-3 ◆ アンカーテキストマッチ

Googleがその創業時期から高く評価する情報はアンカータグに記述されたテキスト（文字）情報です。「<a href="ryoukin.html">リフォーム料金表</a>」というように<a>と</a>の間に「リフォーム料金表」というテキストを記述すると、リンク先ページであるryoukin.htmlというページはリフォームの料金表だということをGoogleが認識して「リフォーム料金」という検索キーワードや「リフォームの料金」または「リフォーム料金表」という検索キーワードでryoukin.htmlが上位表示しやすくなります。

Googleのこの評価方法を理解した上でリンク先の内容をGoogleに明確に認識してもらうために、アンカーテキストには手がかりとなるキーワードを含めるようにしてください。

このように<a>と</a>の間にリンク先の内容を記述することで検索エンジンがリンク先の内容を理解してリンク先のページが上位表示しやすくする手法をアンカーテキストマッチと呼びます。

1-4 ◆ 画像のALT属性

画像でリンクを張る場合も同様に、「<a href="natural-material.html"><img src="images/header_menu04_off.gif" alt="自然素材紹介" border="0"></a>」というように画像のALT属性記述箇所にリンク先の内容を具体的な形で記述してリンクを張るようにすると、リンク先のページがALT属性記述箇所に入れたキーワードで上位表示しやすくなります。

画像のALT属性は<a>と</a>の間に囲われていないリンク化されていない場合でも画像の表面に書かれている文言をそのまま記述するようにしてください。そうすることで検索エンジンがその画像の内容を理解しやすくなります。

◉アンカータグがなくリンク化されていない画像のALT属性例

```
<img src="images/footer_logo.jpg" alt="エコリフォーム" border="1">
```

◉上記の表示例

1-5◆関連性の高いページへのサイト内リンク

サイト内の内部リンク構造を最適化する4つ目のポイントは、上位表示を目指すページからそのページと関連性の高いページにリンクを張るということです。そうすることで、検索エンジンは関連性が高いページが多数あるのでそのページは検索ユーザーにとって豊富な情報があると判断し、順位アップをしてくれやすくなります。

上位表示を目指すページからは関連性の低いページへのリンクをなるべく削減して、同時に関連性の高いページへのリンクを増やすようにしてください。

どうしても関連性の高いページがサイト内で見当たらない場合は、新規で作成してそのページにリンクを張るようにしてください。

●関連性が高いページへのサイト内リンクがある良い例

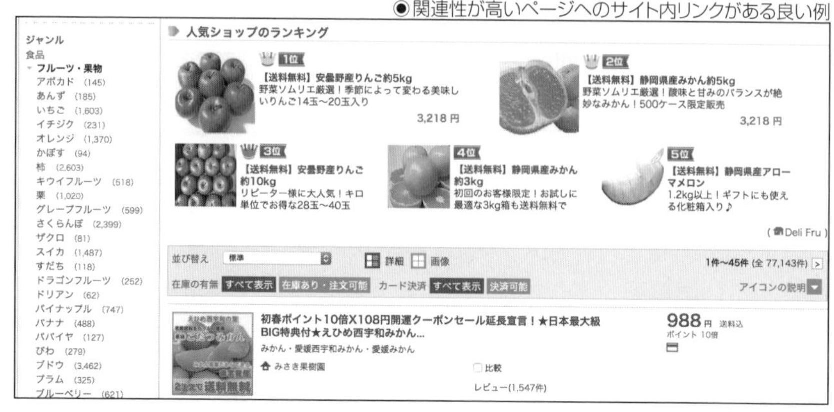

●関連性が低いページへのサイト内リンクが多い例

【楽天市場のサービス】
ファッション 総合 | 家電・パソコン・カメラ 総合 | レディースファッション | メンズファッション | 靴 | バッグ・小物
ウェア | キッズ・ベビー用品・マタニティ | ダイエット・健康 | 医薬品・コンタクトレンズ・介護用品 | 美容・コスメ・
| 水・ソフトドリンク | ビール・洋酒 | 日本酒・焼酎 | ワイン | パソコン・PCパーツ | タブレットPC・スマートフォン |
DVD | 楽器・音楽機材 | ゲーム | おもちゃ | ホビー | 学び・サービス・保険 | インテリア・収納 | 寝具・ベッド・マット
花 | ガーデン・DIY・工具 | ペットフード・ペット用品 | スポーツ・アウトドア | ゴルフ用品 | 本（楽天ブックス） | 中
ップ 開業・開店 | 楽天ツールバー | 海外販売 | シニア市場 | 楽天マガジン | 高級品市場 | 贈り物・ギフト | 新製品市場 |
アップ | ディズニーゾーン | サンリオゾーン | あす楽 | まち楽 | 楽天ふるさと納税 | 日用品翌日配送 | 懸賞市場 | スーパ
イトデー | 母の日 | 父の日 | お中元 | 敬老の日 | ハロウィン | お歳暮 | クリスマス | おせち | ランキング市場

【楽天グループ】
楽天市場 | 旅行・ホテル予約・航空券 | オークション | 本・DVD・CD | 電子書籍 楽天Kobo | ゴルフ場予約 | 出前・宅配
不用品買取 | 車検見積もり・予約 | イベント・チケット販売 | ぬいぐるみ電報 | 写真プリント | 結婚相談所 | 結婚式場情
れ | 物流委託・アウトソーシング | 楽天スーパーポイント特集 | ポイント加盟店 | | 楽天ポイントカード | おでかけでポ
Stylife | 地方競馬 | 競輪 | DVD・CDレンタル | アフィリエイト | ネット証券（株・FX・投資信託） | カードローン | ク
エネルギープランニング | 住宅ローン | 損害保険・生命保険比較 | 生命保険 | 自動車保険一括見積もり | インターネット
| ブログ | ROOM | 楽天カフェ | 楽天モバイル | プロバイダ・インターネット接続 | 高速モバイルWiFiルーター | 無料通
TV) | 映画・ドラマ・エンタメ情報 | ダウンロード | 占い | toto・BIG | 宝くじ（ナンバーズ4・ナンバーズ3） | 楽天イ

1-6 ◆ クリックを誘発してサイト滞在時間を長くする

サイト内のページにリンクをするのはナビゲーション部分だけではありません。

ナビゲーション部分の他にユーザーがクリックする傾向が高いのがボディ部分です。ボディ部分というのはメインコンテンツである本文が書かれているページの真ん中の部分です。

クリック率が高いサイト内リンクを張ることで、そのリンクをクリックするユーザーが増え、結果的にサイト滞在時間を長くすることができます。

サイト滞在時間が長くなると、次のメリットが生じます。

(1)Googleがクッキー技術によってサイト滞在時間を測定しており、サイト滞在時間が長いサイトを高く評価する

(2)ユーザーがたくさんのページを閲覧してサイト滞在時間が長くなるとそのサイトを運営している企業のブランド認知がされるようになり購買率が高まる

サイト滞在時間を長くするためには、Webページのボディ部分に次のような形でサイト内の他のページにリンクを張ると効果的です。

①本文の文中からリンクを張るのではなく、本文が終わったところを段落改行してからリンクだということがはっきりとわかるようにサイト内リンクを張る

文中からリンクを張ると急いでいるユーザーの目に止まらずにクリック率が下がる傾向があります。

◉クリックされにくい例

はおすすめできません。筆者のように乾燥肌でない方でも、肌を保護する役目の皮脂膜まで完全に落としてしまう強烈な石鹸などは肌が荒れてしまう可能性があります。

もちろん加齢臭対策としての成分もぬかりなく配合されています。加齢臭には定番の柿渋エキスを始め、臭いを抑える成分は6種類も配合されています。殺菌作用のあるo-シメン-5オールは、汗の臭いも抑えてくれるようで、汗の臭いに困ることが多々あったのですが、クリアネオを使うと使わないでは結構違います（筆者比）。これもクリアネオのお気に入りのポイントのひとつです。

クリック率を高めるための第一歩はユーザーにクリックできる場所だということを認識してもらうことです。そのためには、本文が終わった場所から目立つようにリンクを張ることです。

◉クリックされやすい例

まず、カバーは2〜3日に一度洗濯するようにしましょう。染みついてしまった頑固な臭いを落とすには、**酵素系漂白剤でのつけ置き洗いをオススメ**します。
ぬるま湯に普段の洗濯用洗剤を溶き、酵素系漂白剤を直接塗ったカバーを、先の洗剤液に1時間ほどつけ込みます。その後、普段通りの洗濯をしてください。
近年では「臭い汚れ」に特化した、機能性の高い洗濯用洗剤も販売されているので、試してみるといいですね。

枕本体も、まめに干して湿気をためないようにし、臭いの元となる雑菌が繁殖しないようにしましょう。ウォッシャブルタイプのものを購入して洗うようにしたり、抗菌・消臭タイプを選ぶのも効果的です。消臭スプレーはその場の臭いは消せるものの、繊維にしみついた臭いまでを落とすことはできません。
あくまで応急処置であることを忘れないようにして、体の中から予防するサプリメントと一緒に併用することで、しっかり加齢臭ケアをしていきたいですね。

➡ 妻から臭いと言われた方へ。サプリ１日２粒飲むだけ、最短７日間でスッキリ！無臭物語ジェントルエッセンスの詳細はこちら

➡ 無臭物語ジェントルエッセンスで悩みを解消した体験談を見てみる

②クリックを誘発する文言を含める

ただ単にクリックできる場所だということをユーザーにわかってもらっても、その場所をユーザーがクリックしたくなるかどうかは別問題です。

ユーザーにクリックしてもらいやすくするためには、上記の例の2つのテキストリンク部分のように、クリックするとその先にどのようなメリットが得られるのかを訴求する書き方をするべきです。

③複数のサイト内リンクを張り、ユーザーに選択肢を与える

たった1つのクリック先を提案するのでは、ユーザーがその先にある情報に興味がない場合はクリックしてくれません。

クリックされる可能性を増すためには複数の異なった関連ページへのリンクを張り、ユーザーに選択肢を与えることが効果的です。人はAだけをしなさいと言われるとそれが気に入らない場合は拒否をしてそこから何も生まれなくなりますが、AかBかCから選んでくださいと言われると高い確率でそれらの中のどれを選ぼうか考えるようになり、結果的にクリックする確率が増すことがあります。

◉複数のサイト内リンク

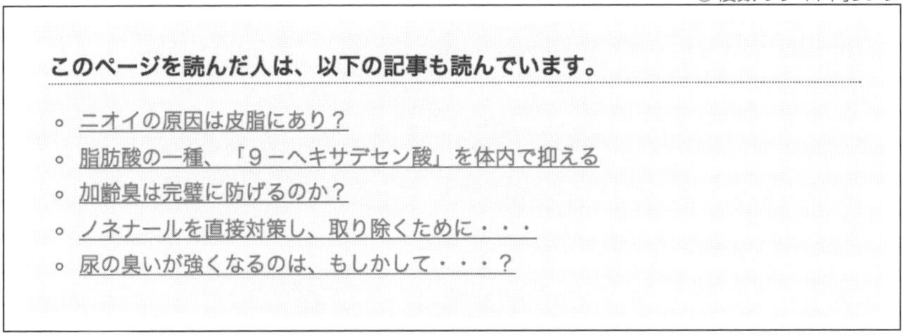

このページを読んだ人は、以下の記事も読んでいます。

- ニオイの原因は皮脂にあり？
- 脂肪酸の一種、「9－ヘキサデセン酸」を体内で抑える
- 加齢臭は完璧に防げるのか？
- ノネナールを直接対策し、取り除くために・・・
- 尿の臭いが強くなるのは、もしかして・・・？

④広告のように見えないリンクを張る

バナー広告のような画像リンクを張ると、ユーザーが見たときに広告だと思ってしまい、意識的に無視されるリスクが生じます。ユーザーは広告を避ける傾向があるので広告ではなく、役に立つ情報へのリンクだと思ってもらえるようなテキストリンクか、バナー広告には見えない画像のリンクを張るようにしてください。

1-7 ◆ パンくずリスト

パンくずリストは、ユーザーがサイト内のどの位置、階層にいるのかを直感的に示すテキストリンクのことをいいます。名称の由来は童話「ヘンゼルとグレーテル」で、森の中で帰り道がわかるようにパンくずを少しずつ落としながら歩いたというエピソードから来ています。

パンくずリストをページのヘッダー部分に張ることで、下図の例のようにユーザーが「HOME」（トップページ）の下にある「基礎知識」のさらに下にある「教えて!SEO」というページを見ているのだということがわかります。

◉パンくずリストの例

そしてそこから「教えて!SEO」の上の階層の「基礎知識」やさらにその上にある「HOME」(トップページ)に戻ることもでき、サイト内のスピーディーな移動を助けます。

パンくずリスト内には、その部分のリンク先の情報が検索エンジンに理解してもらいやすいように、リンク先のテーマを表すキーワードを含めたほうが上位表示に有利になります。

しかし、無理やりキーワードを詰め込むのではなく、ユーザーにわかりやすいシンプルな文言をパンくずリストの部分に含めるようにしてください。

2 モバイルサイトのサイト内リンク

2-1 ◆ スマートフォンページの特徴

これまで主に、PCサイト(パソコンで見るために作られたWebサイト)のサイト内リンクの効果的な張り方について述べてきましたが、ユーザー数が激増しているモバイルサイト(スマートフォンサイトとも呼びます)の場合はどうでしょうか?

根本原理はPCサイトと変わりはありませんが、いくつかの点でスマートフォンサイトならではの配慮をしないとスマートフォンを使うユーザーの利便性を損ねることになります。そして、それはそのまま検索エンジンによる評価の低下を招くことにもなります。Googleなどの検索エンジンはユーザーにとって利便性の高いサイトを高く評価するので気をつけなくてはなりません。

2-2 ◆ スマートフォンサイトの典型的なレイアウト

スマートフォンサイトならではのページのレイアウトが徐々に普及してきています。最近のスマートフォンサイトは徐々に洗練されたものになってきており、大体、次のようなレイアウトに収斂されるようになりました。

●スマートフォンサイトの典型的なレイアウト

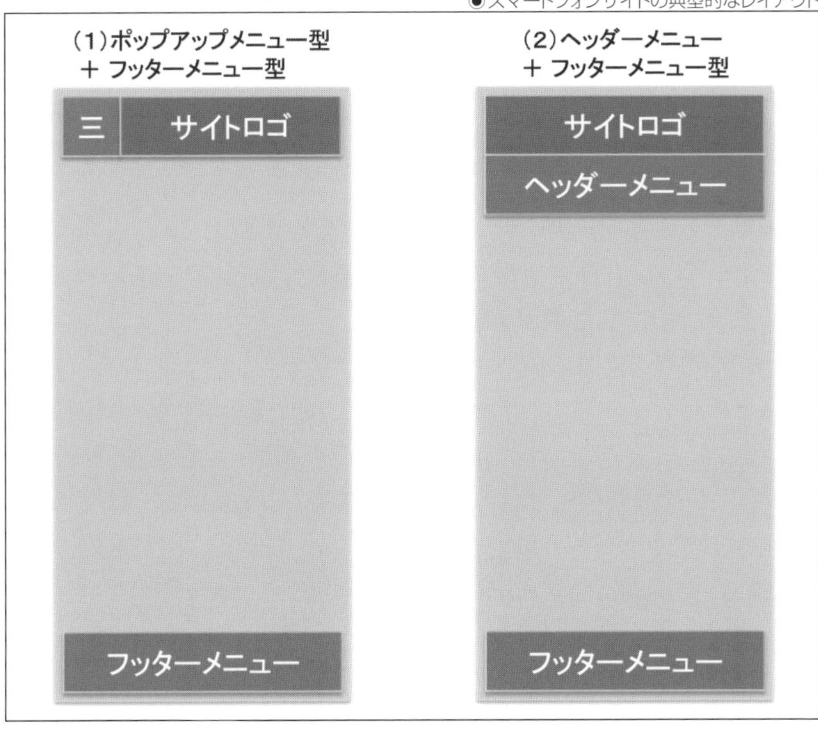

2-3 ◆ グローバルメニューをどこに配置するか?

サイト内の主要なページへのリンク集のことをグローバルメニューと呼びます。

スマートフォンサイトの場合、小さな画面の制約上たくさんのサイト内リンクを設置することが難しくなります。たくさんのサイト内リンクを設置するとユーザーが求める情報があるコンテンツ部分の面積が狭くなりユーザーの利便性を損なうからです。

スマートフォンサイトのレイアウトを考える上で非常に重要な概念があります。それは、コンテンツファースト、ナビゲーションセカンドという概念です。

これはユーザーが求めているのはサイト内リンクなどのナビゲーションメニューではなく、コンテンツ(情報の中身)なので、ナビゲーションメニューは極力、面積を取らずに、むしろコンテンツ部分の面積を最大化すべきだという海外のスマートフォンサイトデザインの草分けのプロフェッショナル達が提唱した概念です。

このコンテンツファースト、ナビゲーションセカンドの概念に適合するためにも、スマートフォンサイトのサイト内リンクであるナビゲーションメニューは画面において極小化する必要があります。

しかし、サイト内の主要なページへのリンク集であるグローバルメニューはほとんどの場合、たくさんのリンク項目があるため、その置き場所に困ることになります。

こうした中で最善の策としてできることが、グローバルメニューは下図のように画面の左上か、右上にポップアップメニューを設置し、そこをタップ(画面を押す)すると表示されるようにすることです。

◉グローバルメニューの位置

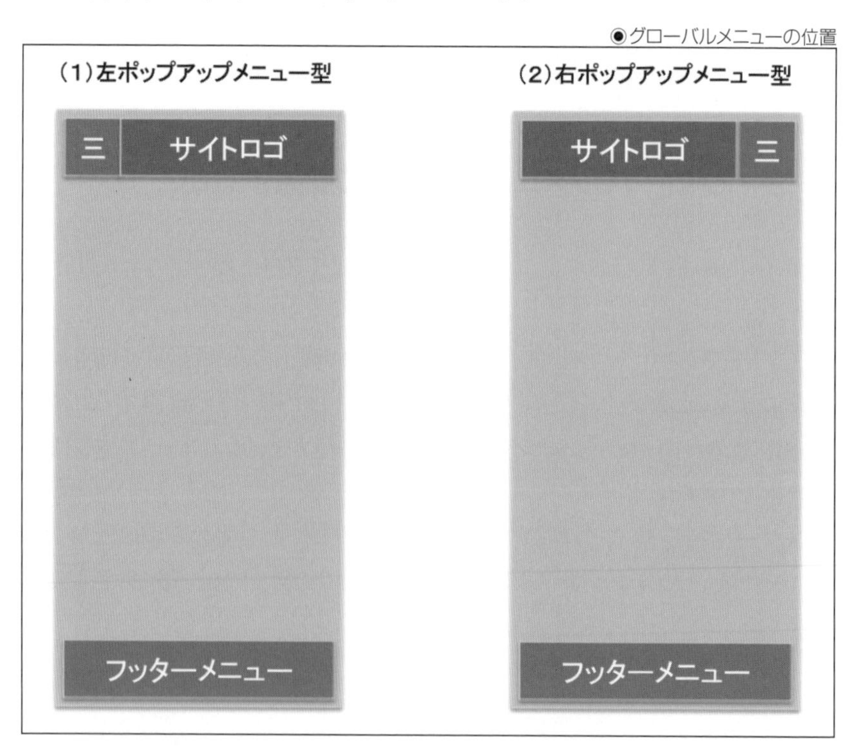

◉グローバルメニューの表示

2-4 ◆ リンクとリンクの距離を離す

スマートフォンサイトのWebページに掲載するリンクとリンクの間は、極力、離さないと間違えてユーザーが見たいページへのリンクではないリンクをタップしてしまうことがあります。

下図の例のように画像リンクと画像リンクの間は、極力、空白を入れて、テキストリンク同士も距離を離してミスタップを防ぐようにしてください。

◉リンクとリンクの距離を離した例

2-5 ◆ 重複リンクを避ける

PCサイトは画面の表示面積が広いのでサイト内の同じページへのリンクを複数の場所から張る余裕がありますが、スマートフォン版のWebページではそうした余裕はありません。1つのページ内から同じページに対して何度もリンクを張らないようにしてください。

2-6 ◆ リンク部分の文言はシンプルにする

スマートフォンの画面は縦だけではなく、横の幅も狭いので、下図のようにテキストリンクを張るときは1つのリンク項目につき1行になるようにした方が操作性は高まります。たくさんの文言を書かずに1行に収まるように文字数を削減してシンプルな記述にするようにしてください。

◉1つのリンク項目につき1行

2-7 ◆ Googleはモバイルファーストインデックス導入後からモバイルサイトを主な評価対象にするようになった

Googleは1つのサイトにPC版ページとモバイル版ページがあった場合、スマートフォン版ページの内部要素を主な評価対象にするようになりました。

従来のようにPC版サイトの内部対策をするだけでなく、モバイル版サイトを主な対策対象にするようにしてください。

2-8 ◆ 電話番号部分のリンクは電話が発信できるようにする

成約率を上げるための工夫としては下図のようなスマートフォン版サイトのページに掲載されている電話番号部分はタップすると必ず電話が発信出来るように<a href="tel:03・・・・"></a>というようなタグを使うようにしたほうがよいです。

◉電話番号のリンク

以上がサイト内リンクの調整についての工夫ですが、サイト内リンクは「SEOの効果+ユーザビリティ(わかりやすさ)」というように、SEOの効果を上げることだけを考えず、ユーザビリティの向上、維持とのバランスを取るように心がけてください。

それによりGoogleが自社サイトを高く評価するようになり、最終的に検索順位アップが目指せるようになります。

第5章

上位表示するサイト構造

サイト構造を見直すことにより内部要素の技術要因が改善できます。そしてそれは検索順位アップに大きく貢献することになります。

ドメイン構造

サイト構造の1つ目の改善余地がドメイン構造の改善です。ドメイン構造には、次の4つのポイントがあります。

(1)ドメインネームの文言
(2)サブドメインの文言
(3)ディレクトリ名の文言
(4)ファイル名の文言

1-1 ◆ ドメインネームの文言

ドメインネームはインターネット上に存在するコンピュータやネットワークを識別するために付けられている名前の一種で、インターネット上の住所のようなものです。絶対に重複しないように発行・管理されており、アルファベット、数字、一部の記号の組み合わせで構成されます。近年では、日本語など各国独自の言語・文字でドメイン名を登録できる国際化ドメイン名も利用できるようになりました。

ドメイン名は4つのレベルから構成されます。

◉ドメイン名の構成

www.aaaaa.co.jp

第4レベルドメイン
ドメイン所有者が
自由に決めることが
できる部分

第3レベルドメイン
申請時に
自由に決めることが
できる部分

第2レベルドメイン
用途を表す部分

トップレベルドメイン
国を表す部分

第3レベルドメインの部分は半角英数だけではなく、日本語を入れることができるトップレベルドメインのドメイン名も販売されており、最近では日本語のドメイン名も増えています。

また、トップレベルドメインはその種類によってはco.jpやac.jpなど、一定の審査が必要なものもありますが、基本的には先着順で取得することができます。

Webサイトを開くときは必ず何らかのドメインネームを使う必要があります。そうすることによってGoogleなどの検索エンジンが、自社サイトにネットユーザーがアクセスするための住所を登録することができるようになります。

誰でも管理料金を払えばドメインネームを持つことができます。自分独自のドメインネームのことを独自ドメインと呼びます。

◉独自ドメインの例

```
www.suzuki.co.jp
www.chushou-kigyou.com
www.中小企業.info
```

独自ドメインは、空きがある限り、自由にドメイン名を決めることができます。そのため、独自ドメインには、自社の社名や商品名などのブランド名をドメイン名にしたものを持つことが可能なため、ブランディングに役立てることができるメリットがあります。

そして、SEOにおいては、どのようなドメインネームを使うかによって一定の有利、不利が生じます。それは、Googleなどの検索エンジンはドメインネームの中に含まれた文言の意味を理解するように設計されているからです。

たとえば、ドメインネームが「www.implant-chiryou.co.jp」というものならば、そのドメインネームの中に「implant=インプラント」「chiryou=治療」という意味が含まれているので、そのドメインネームを使っているWebサイトは「インプラント」または「治療」について、あるいは「インプラント治療」についてではないかと検索エンジンは推測します。

また、「www.nagoya-bengoshi.com」というものならばそのドメインネームの中に「nagoya=名古屋」「bengoshi=弁護士」という意味が含まれているので、そのドメインネームを使っているWebサイトは「名古屋」または「弁護士」について、あるいは「名古屋 弁護士」についてではないかと推測します。

それにより若干程度ではありますが、そのドメインネームを使用しているWebサイトがそれらのキーワードで上位表示されやすくなる傾向があります。

可能な場合は、ドメインネームを取得するときに、そのWebサイトが上位表示を目指すキーワードをドメインネームの中に含めるようにしてください。

1-2 ◆ サブドメインの文言

しかし、ドメインネームはすでにほとんどの企業が独自のものを取得しておりドメインネームには「www.apple.com」や「www.sony.co.jp」のように企業名やブランド名だけが含まれているものがほとんどです。それは多くの企業がSEOよりも、企業のブランド名のほうを重要視するため、Webサイトが上位表示を目指す目標キーワードを含められることは稀です。

しかも、ドメインネームは一度、購入したら途中で変更することはできません。どうしてもドメインネームを変更したいならば、これまで使っていたドメインネームを廃止し、新規で別のドメインを取得し直す必要があります。

すでに持っているドメインネームに目標キーワードが含まれておらず、ドメインネームの取得のし直しもできない場合に便利なのが、サブドメインを設定してサブドメインの中に目標キーワードを含める方法です。

サブドメインというのはドメインネームを構成するパーツの中では最も先頭にある第4レベルドメインのことであり、ドメイン所有者が自由に決めることができる部分です。

◉ドメイン名の構成

自動車メーカーの日産自動車は複数のWebサイトを運営しており、サイトのテーマごとに専門サイトを持っています。そして各専門サイトは次のように公式サイトのドメインネームの先頭にあるwwwの部分をev、biz、historyというようにサブドメインを設定しています。

◉サブドメインの例（日産自動車）

サイト	URL
公式サイト	https://www.nissan.co.jp
電気自動車総合サイト	https://ev.nissan.co.jp/
商用車専門サイト	https://biz.nissan.co.jp/
Webカタログバックナンバーサイト	https://history.nissan.co.jp/

これらの中ではevという言葉がサブドメインとして含まれているサイトは検索エンジンがEV（Electric Vehicle：電気自動車）ではないかと推測しやすくなり、historyという言葉がサブドメインとして含まれているサイトは歴史についてではないかと推測しやすくなります。

このサブドメインの部分に積極的に目標キーワードを含めることが1つのSEOテクニックとして使われることがあります。

Googleで「オークション」というキーワードで検索すると検索結果1ページ目に表示されるサイトの中で次の3つのサイトがサブドメイン部分に「auction：オークション」というキーワードを含めています。

- auctions.yahoo.co.jp
- auction.rakuten.co.jp
- auction.ritlweb.com

サブドメイン部分に目標キーワードを含めれば圧倒的に上位表示しやすくなるというものではなく、少しだけ有利になるという程度のことですが、SEO対策の打ち手が少ない場合はこうした小さな効果しかないものでも使った方がプラスの方向に導くことができるので検討する価値があります。

1-3 ◆ ディレクトリ名の文言

ただし、企業によってはサブドメインを使いたくない事情のところもあります。その場合の代替案としては、ドメインネームの後ろにくるディレクトリ名に目標キーワードを含めるやり方があります。

自動車メーカーのホンダは複数のWebサイトを運営していますが、サイトのテーマごとに専門サイトを持っており、各専門サイトは次のように公式サイトのドメインネームの後ろにあるディレクトリ名の部分をfleetsales、kids、libraryというように名付けています。

◉ディレクトリ名にキーワードを含めた例（本田技研工業）

サイト	URL
公式サイト	https://www.honda.co.jp/
商用車専門サイト	https://www.honda.co.jp/fleetsales/
子供専門サイト	https://www.honda.co.jp/kids/
ホンダ図書館	https://www.honda.co.jp/library/

このやり方をするとディレクトリ内にあるページがディレクトリ名に含まれたキーワードで若干、上位表示しやくなります。

実際にGoogleで「賃貸　京都」というキーワードで検索すると検索結果1ページ目にある10件中8件のWebサイトのディレクトリ名に「kyoto：京都」か「chintai：賃貸」、またはその両方が含まれていることがわかります。

- https://www.homes.co.jp/chintai/kyoto/
- https://www.athome.co.jp/chintai/kyoto/
- https://suumo.jp/chintai/kyoto/
- https://www.chintai.net/kyoto/
- https://www.elitz.co.jp/chintai/
- https://www.apamanshop.com/kyoto/
- https://www.eheya.net/kyoto/
- https://sumaity.com/chintai/kyoto/

少しでも上位表示にプラスになるようにディレクトリ名には目標キーワードを含めるようにしてください。

1-4 ◆ ファイル名の文言

ディレクトリ名と同様にhtmlやphpのファイル名にも目標キーワードを含めると若干、上位表示しやすくなります。

Googleで「英会話 中津」というキーワードで検索すると1位に表示されているWebページ「http://www.applek.com/nakastu.html」
のファイル名は「nakatsu：中津」という地名が含まれたものです。

このサイトの運営者は「英会話　中津」という目標キーワードで上位表示するためにファイル名にこのように地名を含めるようにしました。

同じ作者が作った「http://www.applek.com/chayamachi.html」というWebページにも目標キーワードが「英会話 茶屋町」なので「chayamachi：茶屋町」というキーワードを含めるようにしてGoogleの検索結果で7位に表示されるようになりました。

1-5 ◆ URLへのキーワードの詰め込みはペナルティ対象になる

以上が、ドメインネーム、サブドメイン、ディレクトリ名、ファイル名などのURL（Uniform Resource Locator：Webアドレス）に目標キーワードを含めると若干、上位表示にプラスになるというSEOについてですが、1つ気をつけなくてはならないことがあります。

それは1つのWebページのURLに同じキーワードを何度も書いて詰め込むと、上位表示に逆効果になるということです。

たとえば、「名古屋 賃貸」で上位表示したいからといって目標ページのURLを「http://www.nagoya-chintai.com/chintai/chintai-nagoya/chintai.html」だとか、「http://www.nagoya-chintai.com/nagoya/chintai-nagoya/nagoya.html」と書くと同じキーワードが何度もURL内に書かれており見た目として不自然に感じられます。

URL内に同じキーワードを何度も入れて意図的に検索順位を上げようとするのは避けてください。

1-6◆並列型とツリー型

Webサイト内にあるページの階層構造には「並列型」と「ツリー型」の2種類があります。

①並列型

並列型というのはトップページであるindex.htmlと同じ階層に他のページを配置している階層構造です。そのURLは次のようなになります。

- http://www.suzuki.com/index.html
- http://www.suzuki.com/reform.html
- http://www.suzuki.com/shinchiku.html
- http://www.suzuki.com/sekkei.html
- http://www.suzuki.com/kouzouchousa.html
- http://www.suzuki.com/aboutus.html
- http://www.suzuki.com/inquiry.html
- http://www.suzuki.com/sitemap.html
- http://www.suzuki.com/goaisatu.html

②ツリー型

ツリー型というのはトップページであるindex.htmlがある階層の下にディレクトリを作りその中に他のページを配置している階層構造です。そのURLは次のようになります。

- http://www.suzuki.com/index.html
- http://www.suzuki.com/reform/index.html
- http://www.suzuki.com/reform/toilet.html
- http://www.suzuki.com/reform/ketchen.html
- http://www.suzuki.com/reform/yokushitu/index.html
- http://www.suzuki.com/reform/yokushitu/unitbath.html
- http://www.suzuki.com/reform/yokushitu/tile.html
- http://www.suzuki.com/shinchiku/index.html

- http://www.suzuki.com/sekkei/index.html
- http://www.suzuki.com/kouzouchousa/index.html
- http://www.suzuki.com/aboutus.html
- http://www.suzuki.com/inquiry.html
- http://www.suzuki.com/sitemap.html
- http://www.suzuki.com/goaisatu.html

SEOをする上でどちらの階層構造が有利だということは直接的にはありません。

しかし、ツリー構造のほうがページが整理されているので各ページ内のサイト内リンクもきちんと整理されることがあるため、結果的に有利になることがあります。

しかし、並列型であれ、ツリー型であれ、各ページ内にあるサイト内リンクがきちんと整理され、ユーザーにも検索エンジンにもわかりやすくなっていれば、どちらの階層構造でも上位表示に有利、不利ということはありません。

1-7 ◆ 静的ページと動的ページ

①静的ページ

Webページには、静的ページと動的ページがあります。静的ページは、index.htmlなどのように、URL中に指定されたhtmlなどのデータが変化することなくそのまま送信される方式のWebページのことです。たとえば、会社概要や事業内容など、誰が見る場合でも常に同じ内容を表示する場合に使われます。

◉静的ページのURL例

```
http://www.aaaaa.co.jp/index.html
http://www.aaaaa.co.jp/aboutus.html
```

②動的ページ

PHPやPerlなど、CGIを実行して生成されるWebページのことを動的ページと呼びます。

「search.php?q=XXX」などのように、パスとともにクエリと呼ばれるパラメータが要求データとして送信され、これを受信したWebサーバーは、スクリプトと呼ばれるプログラムに渡されたパラメータを指定して実行することで結果を生成し、それを応答のデータとしてブラウザに送信します。

◉動的ページのURL例

```
http://www.aaaaa.co.jp/index.php
http://www.aaaaa.co.jp/cart.cgi=?id=1
```

Googleは比較的最近まで静的ページは正確にインデックスして理解することができる一方で、動的ページは認識できないことがありました。しかし、近年になり格段に認識力が向上するようになりました。

ただし、それでも静的ページのほうがややインデックスされやすい傾向がいまだにあるので、動的ページを静的ページに変換することができる場合は、極力、静的ページに変換するようにしてください。

論理構造

2-1 ◆ 論理的な動線のサイト

サイト構造の2つ目の改善余地が論理構造の改善です。

トップページから最下層のページまで論理的にリンクされた階層構造の方が、そうでない場合よりも上位表示にプラスに働きます。

たとえば、トップページを「プリウス 中古車」で上位表示したいなら、次のような階層構造ではマイナスになります。

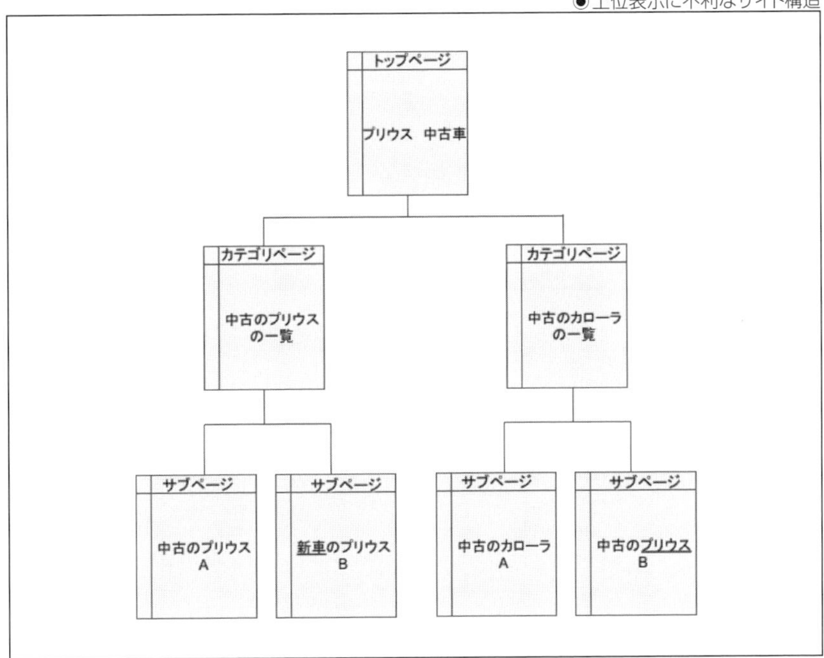

この階層構造のどこが良くないのかというと、次のような矛盾を抱えているところです。

(1)トップページを「プリウス　中古車」で上位表示しようとするなら、その下の階層のカテゴリページは2つともプリウスの中古車の一覧ページであるべきなのに、右側のカテゴリページは違う車種である中古のカローラ一覧になってしまっている

(2)しかも、その中古のカローラの一覧ページからリンクを張っている右側のサブページは中古のプリウスになってしまっている

(3)左側の階層構造を見ると中古のプリウスの一覧ページから新車のプリウスのページにリンクが張っていて突然、新車のページになってしまっている

上位表示に有利な階層構造にするには、次のように論理的に矛盾のない階層構造にするべきです。

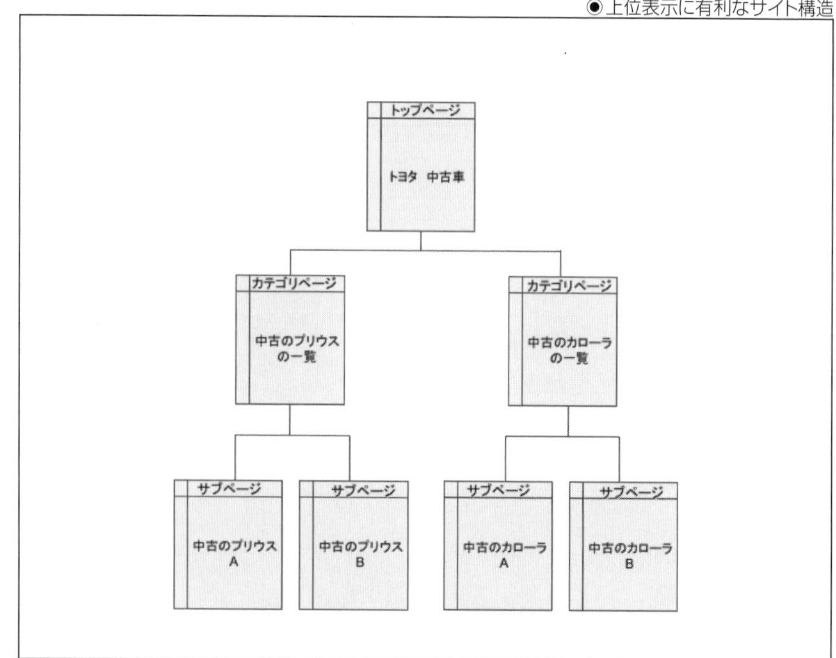

これならばツリー構造の左側の第二階層のカテゴリページが中古のプリウスの一覧ページであり、その下には2つの中古のプリウスの詳細ページがあり、トップページではなく、第二階層の左のカテゴリページが「プリウス 中古車」で上位表示しやくなります。

同様にツリー構造の右側のグループは中古のカローラの一覧のカテゴリページから2つの中古のカローラのページにリンクが張っているので、そのカテゴリページは「カローラ 中古車」というキーワードで上位表示されやすくなります。

さらに、それら2つのカテゴリページの上の階層である第一階層のトップページが「トヨタ 中古車」で上位表示されやすくなります。トヨタという自動車会社にはプリウスとカローラがあるので論理的に矛盾はありません。

このような論理的なサイト構造を突き詰めようとすると、何らかの情報に特化した専門サイトを作ることが最善な解決策になります。

2-2 ◆ 総合サイトと専門サイト

論理的なサイト構造にすれば、検索エンジンがそのサイトが何をテーマにしているのかを理解してくれるようになります。それを実現するための重要なポイントはWebサイトのテーマを何にするかを決めることです。

サイトのテーマがはっきりせずにさまざまなテーマのWebページをサイトに掲載するとトップページの検索順位が上がりにくくなります。

反対に、サイトのテーマを1つに絞り込んでテーマから逸れないコンテンツが掲載されたページを一貫してサイトに追加すると、トップページの検索順位が上がりやすくなります。

さまざまなテーマのコンテンツがある総合的なサイトよりも、テーマを1つに絞り込んだ専門性の高いサイトの方が他の条件が同じ場合上位表示しやすくなります。

たとえば、弁護士事務所が相続相談、交通事故相談、債務整理相談の3つのサービスを提供している場合、その弁護士事務所の3つすべてのサービスを鈴木弁護士事務所という総合サイトで情報提供するよりも、相続相談の専門性の高いサイトを作ったほうが相続相談やその他相続関連のキーワードで上位表示しやすくなります。

鈴木弁護士事務所　総合サイト

トップページ
鈴木弁護士事務所トップページ

サブページ
相続相談

サブページ
交通事故相談

サブページ
債務整理相談

鈴木弁護士事務所
相続相談　専門サイト

トップページ
相続相談トップページ

サブページ
相続相談Q&A

サブページ
相続相談の流れ

サブページ
相続相談の種類

鈴木弁護士事務所
交通事故相談　専門サイト

トップページ
交通事故相談トップページ

サブページ
交通事故相談Q&A

サブページ
交通事故相談の流れ

サブページ
交通事故の種類

鈴木弁護士事務所
債務整理相談　専門サイト

トップページ
債務整理相談トップページ

サブページ
債務整理相談Q&A

サブページ
債務整理相談の流れ

サブページ
債務整理の種類

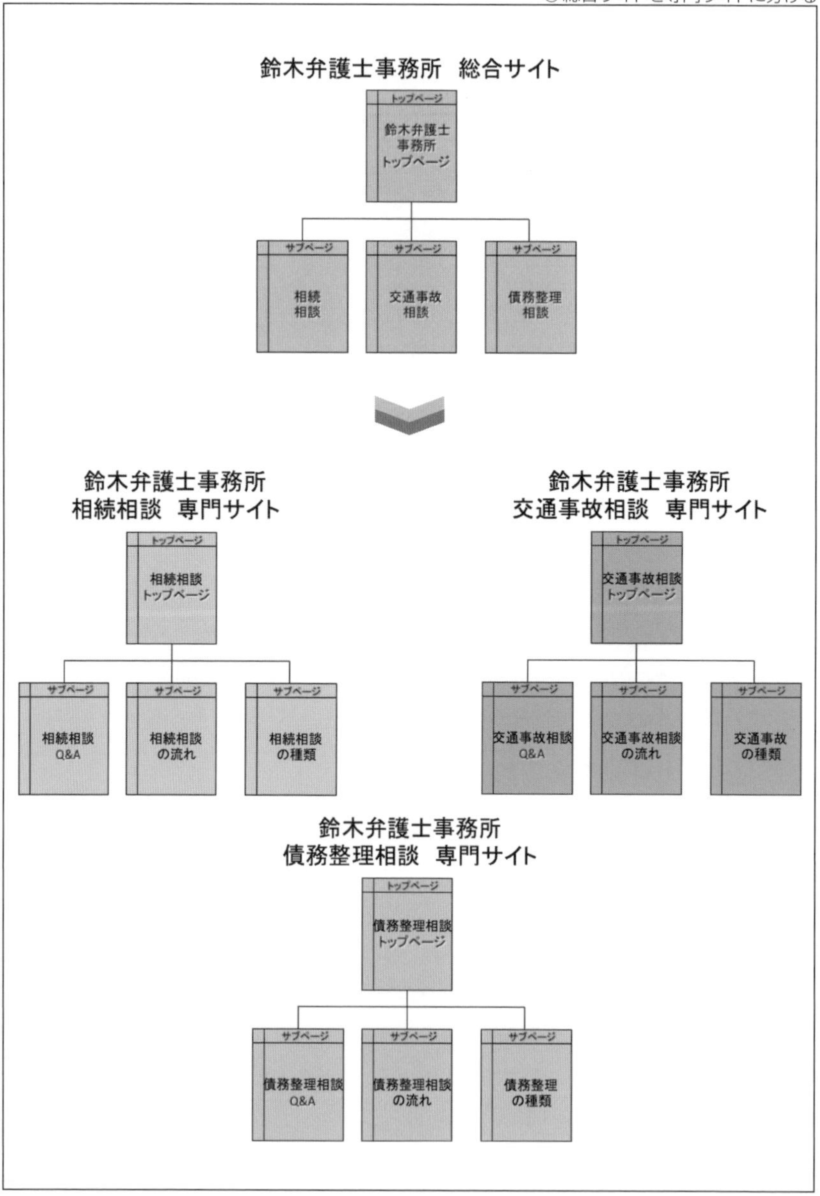

2-3 ◆ 専門サイトのメリットとデメリット

こうした専門性の高いサイトを専門サイトと呼びます。自社サイトが作られたばかりでサイト運用歴という実績がほとんどない場合は、専門サイトを作ることが特に有効な上位表示対策になります。

専門サイトのメリットには、次の2つがあります。

(1)サイトテーマが絞りこまれているので上位表示されやすい

(2)検索ユーザーがその時関心のある情報ばかりがあり、関心のない情報が少ないのでユーザーにとって見やすく、わかりやすい

一方、デメリットは、次のようになります。

(1)一定数のコンテンツをサイトに掲載してしまった後、掲載する情報のネタを探すのが難しくなりページを増やすことが難しくなる

(2)上位表示を目指すキーワードの種類が多い場合、専門サイトを複数作ることになり、サイト運営の費用や手間がかかる

専門サイトを作るかを決めるときには必ず継続的にコンテンツを増やせるテーマのものを作るよう心がけるようにすることと、サイトを更新し続ける体制を準備しなくてはなりません。

2-4 ◆ 複数の専門サイトを運営する際の注意点

このように専門サイトのほうが総合サイトよりも上位表示に有利な面がありますが、だからといってむやみに専門サイトを増やすことは危険です。

1つひとつの専門サイトに独自性があれば問題ありませんが、ある法律事務所が相続に関する専門サイトを1つ作り、上位表示に成功したとします。さらに訪問者を増やすために少しだけ切り口を変えた相続に関する専門サイトをもう1つ別のドメインネームで作ると、それら2つの専門サイトの内容が似てしまうことになります。

内容が似通っている専門サイトを複数作ると、どちらかの専門サイトがGoogleからペナルティを受けるか、両方共ペナルティを受けてしまいどちらも上位表示できなくなることがあります。

法律事務所の場合なら、相続という1つの業務に関する専門サイトは1つだけにして、他の業務である交通事故相談の専門サイトを1つ、債務整理相談の専門サイトを1つというように「1業務 = 1サイト」で専門サイトを作るのがリスクを回避してSEO効果を最大化する方法です。

◉複数の専門サイト

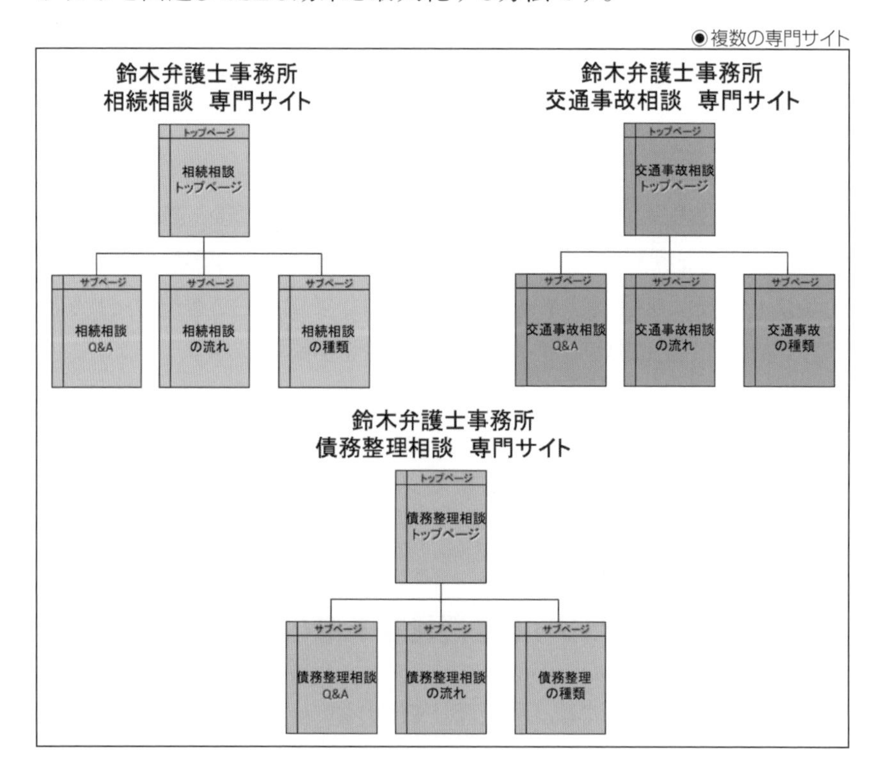

2-5 ◆ 支店サイトを運営する際の注意点

地理的に離れた場所に複数の支店を運営している場合、支店ごとにドメインネームを取得してサイトを作るときは注意をしなくてはなりません。

◉支店ごとにドメインネームを取得してサイトを複数持つ例

【渋谷店のサイト】
http://www.suzukiya-shibuya.com
http://www.suzukiya-shibuya.com/goaisatu.html
http://www.suzukiya-shibuya.com/aboutus.html
http://www.suzukiya-shibuya.com/service.html
http://www.suzukiya-shibuya.com/chukaitesuryou.html
http://www.suzukiya-shibuya.com/otoiawase.html

【池袋店のサイト】
http://www.suzukiya-ikebukuro.com
http://www.suzukiya-ikebukuro.com
http://www.suzukiya-ikebukuro.com/goaisatu.html
http://www.suzukiya-ikebukuro.com/aboutus.html
http://www.suzukiya-ikebukuro.com/service.html
http://www.suzukiya-ikebukuro.com/chukaitesuryou.html
http://www.suzukiya-ikebukuro.com/otoiawase.html

【日本橋店のサイト】
http://www.suzukiya-nihonbashi.com
http://www.suzukiya-nihonbashi.com
http://www.suzukiya-nihonbashi.com/goaisatu.html
http://www.suzukiya-nihonbashi.com/aboutus.html
http://www.suzukiya-nihonbashi.com/service.html
http://www.suzukiya-nihonbashi.com/chukaitesuryou.html
http://www.suzukiya-nihonbashi.com/otoiawase.html

なぜなら、どの支店も商品やサービスの内容が同じ、または似通っているため、掲載するコンテンツがほとんど重複してしまうことがあるからです。

支店ごとにドメインネームを取得してサイトを作るときは、各支店の責任者やスタッフが更新するブログを設置するなどしてその支店ならではの独自コンテンツを増やしていくように心がけてください。そうしないと結局はほとんど同じ内容のサイトが増えていくだけになり、Googleのペナルティの対象になります。

◉独自コンテンツを増やしていく

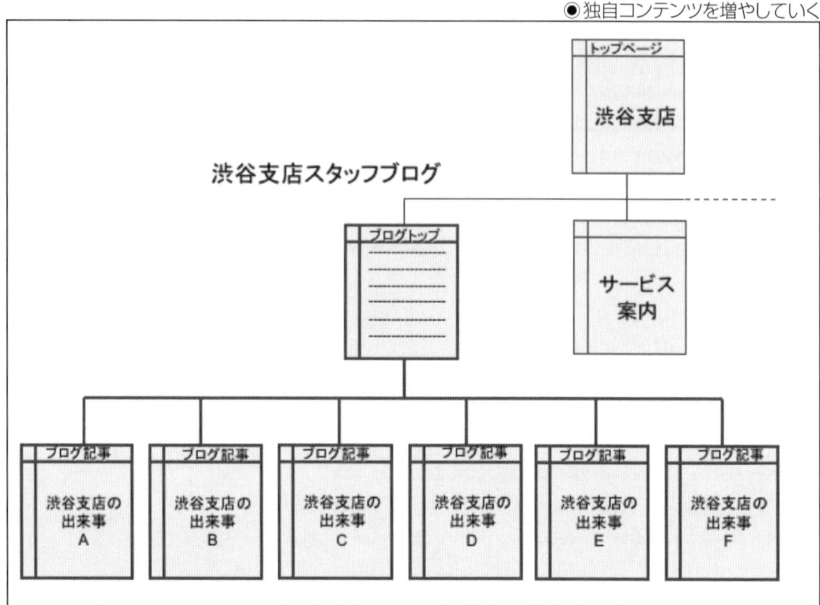

◉支店ごとに独自コンテンツをプラスした例

【渋谷店のサイト】

http://www.suzukiya-shibuya.com
http://www.suzukiya-shibuya.com/goaisatu.html
http://www.suzukiya-shibuya.com/aboutus.html
http://www.suzukiya-shibuya.com/service.html
http://www.suzukiya-shibuya.com/chukaitesuryou.html
http://www.suzukiya-shibuya.com/otoiawase.html

↓　この支店独自のコンテンツ　↓

http://www.suzukiya-shibuya.com/shibuya.html
http://www.suzukiya-shibuya.com/blog/
http://www.suzukiya-shibuya.com/blog/2016/01/30.html
http://www.suzukiya-shibuya.com/blog/2016/02/05.html
http://www.suzukiya-shibuya.com/blog/2016/02/15.html
http://www.suzukiya-shibuya.com/blog/2016/02/25.html
http://www.suzukiya-shibuya.com/blog/2016/02/27.html
http://www.suzukiya-shibuya.com/blog/2016/03/01.html

【池袋店のサイト】

http://www.suzukiya-ikebukuro.com
http://www.suzukiya-ikebukuro.com/goaisatu.html

```
http://www.suzukiya-ikebukuro.com/aboutus.html
http://www.suzukiya-ikebukuro.com/service.html
http://www.suzukiya-ikebukuro.com/chukaitesuryou.html
http://www.suzukiya-ikebukuro.com/otoiawase.html
↓        この支店独自のコンテンツ   ↓
http://www.suzukiya-ikebukuro.com/ikebukuro.html
http://www.suzukiya-ikebukuro.com/ikebukuro-links.html
http://www.suzukiya-ikebukuro.com/blog/2015/11/04.html
http://www.suzukiya-ikebukuro.com/blog/2015/12/23.html
http://www.suzukiya-ikebukuro.com/blog/2016/01/07.html
http://www.suzukiya-ikebukuro.com/blog/2016/02/29.html
http://www.suzukiya-ikebukuro.com/blog/2016/03/01.html
http://www.suzukiya-ikebukuro.com/blog/2016/04/18.html

【日本橋店のサイト】
http://www.suzukiya-nihonbashi.com
http://www.suzukiya-nihonbashi.com/goaisatu.html
http://www.suzukiya-nihonbashi.com/aboutus.html
http://www.suzukiya-nihonbashi.com/service.html
http://www.suzukiya-nihonbashi.com/chukaitesuryou.html
http://www.suzukiya-nihonbashi.com/otoiawase.html
↓        この支店独自のコンテンツ   ↓
http://www.suzukiya-nihonbashi.com/nihonbashi.html
http://www.suzukiya-nihonbashi.com/nihonbashi-map.html
http://www.suzukiya-nihonbashi.com/blog/2014/08/20.html
http://www.suzukiya-nihonbashi.com/blog/2014/11/16.html
http://www.suzukiya-nihonbashi.com/blog/2015/01/13.html
http://www.suzukiya-nihonbashi.com/blog/2015/07/30.html
http://www.suzukiya-nihonbashi.com/blog/2015/12/28.html
http://www.suzukiya-nihonbashi.com/blog/2016/01/09.html
http://www.suzukiya-nihonbashi.com/blog/2016/03/27.htm
```

2-6 ◆ 小さなサイトが大きなサイトよりも上位表示する理由

良く見かける現象としてGoogleで上位表示しているサイトにページ数が少ないサイトが上位表示していることがあります。ページ数が多いサイトの方が情報量が多く、アクセス数も多いことがほとんどなので、ページ数が少ない小さなサイトが上位表示しているのを見ると多くの人が驚きます。特に自社サイトよりもページ数が少ない小さなサイトが自社サイトの上に表示されているのを見ると、不思議に思うだけではなく、理不尽に思うことがあります。

なぜそのような現象が起きるのでしょうか？　それはサイト内にページを増やしていくうちに最初はテーマを絞っていたサイトが徐々にもともとのテーマとは違った、あるいは逸れたページが増えてしまうからです。

たとえば、トップページ「家具　通販」で上位表示するためには、そのサイトには家具に関するページを増やしていくべきです。ソファやTVボード、本棚などは家具なのでこうしたテーマのページを増やすことは、トップページを「家具 通販」で上位表示するためにプラスに働きます。

◉サイト全体のテーマが絞られている小さなサイト

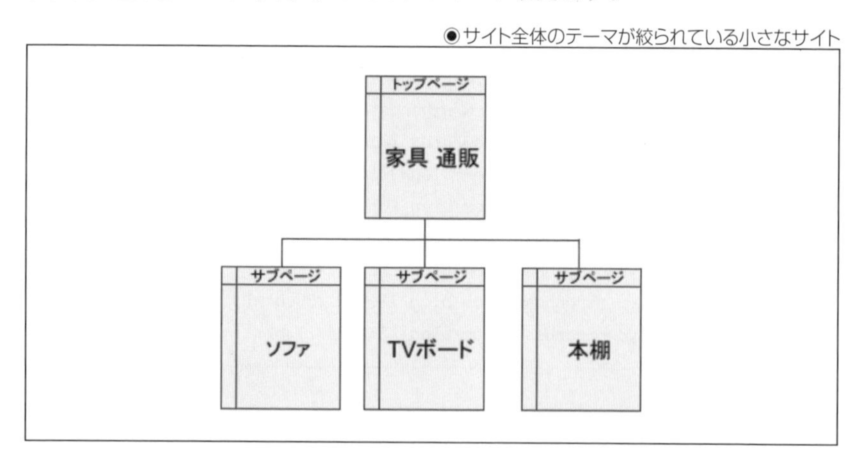

しかし、そのうちに家具以外にも売りたいと思った雑貨類や家電製品などのページも増やしていくことがあります。企業は売上を増やそうとするものなので当然のことでもあります。ただ、そうなると、次第にサイト全体のテーマが家具から逸れていき気がついたときには「家具　通販」での検索順位が落ちてしまうのです。

◉ページを増やすことによりサイト全体のテーマが次第に逸れてしまい大きくなったサイト

トップページ 家具 通販
サブページ ソファ
サブページ TVボード
サブページ 本棚
サブページ 雑貨
カテゴリページ 家電製品
サブページ 食品
サブページ 薄型TV
サブページ 冷蔵庫
サブページ 洗濯機

一方、ページ数を増やす意欲が低かったり、予算がない場合などは最初に決めた「家具 通販」から逸れたページが増えないのでテーマが絞り込まれたままの状態になります。その結果、テーマが絞りこまれたサイトであることが評価され、小さい規模のサイトなのに上位表示してしまうことがあるのです。

しかし、そうした小さいサイトはページ数が少なく情報量が少ないのでたまたま特定のキーワードでだけ上位表示することはありますが、サイトのアクセス数は少ない傾向が高いです。なぜなら1つだけのキーワードでしか上位表示しておらず、他のキーワードでは上位表示ができていないため、他のキーワードで検索するユーザーの目に触れることがほとんどないからです。

反対に特定のキーワードで上位表示していなくてもさまざまなページをたくさん持っている大きなサイトのほうが、他のさまざまなキーワードで上位表示する可能性があるため、さまざまなキーワードで検索するユーザーの目に触れるようになります。そしてアクセス数は多くなる傾向にあります。

ではどうすればよいのかというと一度決めたテーマから逸れないページを無理せずに継続的にサイト内に増やしていくことです。そうすることによって一貫したテーマのページを増やし専門性の高いサイトを作り上位表示に有利にすることができるのです。

2-7 ◆ 総合サイトでも上位表示をする方法

先ほどまでは、専門サイトのほうが総合サイトよりも有利になるということを述べてきましたが、どうしても専門サイトが作れずに1つのドメインネームで総合サイトを運営しなくてはならない場合はどうすればよいでしょうか?

それは、総合サイトの中にいくつかの専門サイトのような階層構造を論理的に構築し、総合サイトのトップページではなく、カテゴリページを目標ページにすることです。

◉カテゴリページを目標ページにする

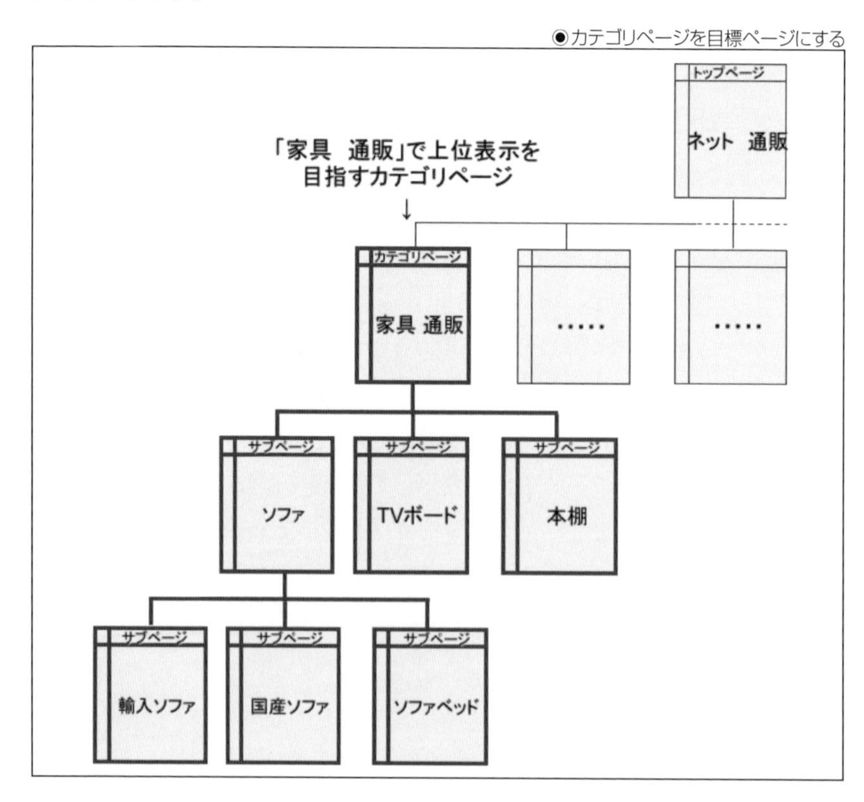

確かに専門サイトのほうがそれでも有利なのですが、総合サイトの最大のメリットは、専門サイトに比べてさまざまなテーマのページを自由に追加することができるので、その分、さまざまなキーワードで上位表示しやすくなり、たくさんのアクセス数を獲得しやすくなるという点です。

Googleはアクセス数が少ないサイトよりも多いサイトの方を高く評価するので、総合サイトが専門サイトと比べて不利な点をアクセス数の多さが補ってくれるのです。

Googleで「交通事故 大阪」で検索すると、大阪の交通事故相談を受けている弁護士事務所の専門サイトの他に、次のような総合サイト内のサブページやカテゴリページが検索結果1ページ目に表示されています。

- 大阪の警察署のサイトにある交通事故に関するページ
  URL https://www.police.pref.osaka.jp/03kotsu/kensu/

- 大阪市役所のサイトにある大阪市内の交通事故の統計資料に関するページ
  URL http://www.city.osaka.lg.jp/shimin/page/0000004854.html

- ニュースサイトの中にある交通事故のカテゴリページ
  URL news.yahoo.co.jp/related_newslist/traffic_accident/

このような理由から専門性があまり高くない巨大なニュースサイト、大手企業、政府のサイトのWebページがGoogleの検索結果1ページ目の上位に表示されることがあるのです。

ただし、上位表示をするためにはこれまで述べてきたような論理的なサイト構造にする必要があります。

3 網羅率

3-1 ◆ 網羅率とは?

Googleは度重なるアルゴリズムのアップデートを繰り返した結果、専門サイトを作るだけで上位表示しやすくなる事例が減少しました。特に、競争率の高いキーワードでは単に専門性の高いサイトを作るだけでは上位表示は困難になりました。

この理由を探る上で手掛かりとなる特許をGoogleは公開しています。

- 【参考】Patent US9477714B1 "Methods and apparatus for ranking documents"
  URL https://patents.google.com/patent/US9477714B1/en

この特許には、ユーザーに有益な情報を提供しているサイトは特定の分野の一部分だけの情報を提供しているのではなく、その分野における総合的な情報を提供しているはずなので、その分野における総合的な情報を提供しているサイトは高く評価されるべきだという意味のことが書かれています。

たとえば、自動車のデザインについてのコンテンツしかないサイトよりも、自動車の内装、燃費、安全性、保険などのコンテンツがあるサイトのほうが自動車について詳しい専門家であるはずなので「自動車」というキーワードで上位表示されるべきだという考えです。

このような特定の分野について総合的な情報を提供しているサイトは、網羅率(カバレッジ)が高いサイトであるとGoogleが認識して、上位表示しやすい傾向があることがわかってきました。

網羅率が低かったサイトの網羅率を高めることで、実際に検索順位が高くなる事例が増えてきたのです。そして、この傾向は上位表示の難易度が高いキーワードであればあるほど高いということがわかってきました。

3-2 ◆ 網羅率を高める方法

特定の分野の専門家であるということをGoogleにアピールするために網羅率を高めるには本書の第1章で紹介したキーワード予測データを一括取得するソフトを使うことが有効です。たとえば、自社サイトを「自動車」で上位表示したい場合は、キーワード予測データを一括取得するソフトの1つであるKeyword Toolで自動車というキーワードの関連キーワードを調査します。

●Keyword Tool

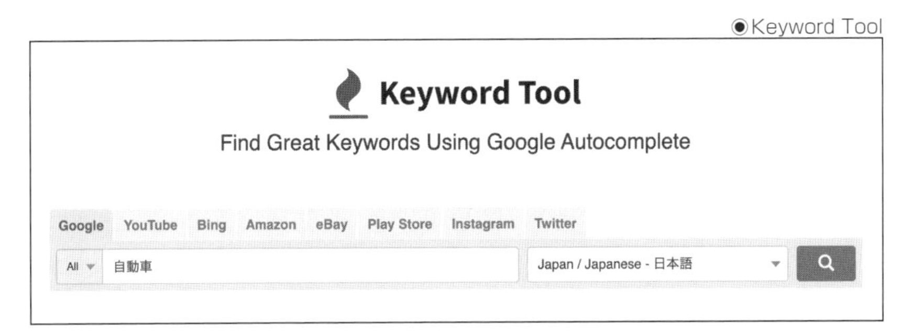

すると、次のような調査結果が表示されます。

自動車保険	自動車 一日保険	自動車 エンブレム
自動車税	自動車 イラスト	自動車 エコシステム
自動車免許	自動車 iot	自動車 エンジン
自動車保険おすすめ	自動車 イベント	自動車 ev
自動車学校	自動車 インパネ	自動車 エンジニアリング会社
自動車会館	自動車 委任状 エクセル	自動車 営業
自動車保険 比較	自動車 委任状 書き方	自動車 エンジニア
自動車技術会	自動車 インフルエンサー	自動車 エアコン
自動車重量税	自動車 運転	e 自動車保険
自動車税いつ	自動車 売上	e 自動車学校
自動車 アイコン	自動車 運転 練習	e/e 自動車
自動車 ai	自動車 売る	ev 自動車
自動車 アナリスト	自動車 運転免許	自動車リサイクル法 e-gov
自動車 安全装置	自動車 wifi	自動車 絵 フリー
自動車 アルミ	自動車 売れない	自動車 ガラス e マーク
自動車 アフターマーケット	自動車 売上 ランキング	自動車学校 適性検査 e
自動車 安全性能	自動車 wiki	自動車税 e-tax
自動車 安全	自動車 売れ筋	自動車 oem
自動車 安全性能 ランキング	自動車 エンブレム u	自動車 オークション
自動車 アプリ	自動車 う	自動車 os
a 自動車メーカー	u.k.自動車	自動車 おすすめ
自動車 維持費	ユーシン 自動車部品	自動車 ota
自動車 委任状	自動車 ecu	自動車 オイル交換

このデータを見るとGoogleの検索ユーザーは自動車の税金、保険、安全性、維持費、運転方法、売り方など、多様なトピックについて興味を持っていることがわかります。

こうした興味を満たすページをサイト内に1つひとつ追加していくことが網羅率を高めることになり、難関キーワードでも上位表示する道が開けます。

決して自分が作りやすいトピック(話題)のページ、好きなトピックのページだけをサイトに増やすのではなく、ユーザーが求めているトピックは何かを絶えず調べてサイト内に網羅することを心掛けなくてはなりません。

4 インデックス状況の確認

サイト構造を見直すことにより内部要素の技術要因を改善した後は、Googleなどの検索エンジンに、より多くのWebページをインデックス(Webページを検索エンジンのデータベースに登録すること)してもらいサイトを適正に評価してもらう必要があります。

そうすることによりサイト内の1つひとつのWebページがそれぞれの目標キーワードで検索にかかりやすくなるとともに、トップページの検索順位が上昇しやすくなります。

自社サイトのインデックス状況を確認するのには2つの方法があります。

4-1 ◆「site:」での検索

Googleが自社サイトにあるWebページをどのくらいインデックスしているかを確認する方法で最も簡単な方法がGoogleのキーワード入力欄に「site:ドメインネーム」を入れる方法です。たとえば、「http://www.honda.co.jp」というホンダ自動車のサイトのインデックス状況を知りたければGoogleで次のように検索します。

◉インデックス状況の確認

そうすると画面左上に「約185,000件」と表示され、その数値がおおよそのインデックスされたページの数になります。

この方法は自社サイトのインデックス数を調べるだけではなく、競合他社のサイトの中にどのようなWebページがあるのかを調べる手段にもなります。たとえば、ホンダの競合であるマツダの公式サイト「http://www.mazda.co.jp/」はGoogleで「site:http://www.mazda.co.jp」または「site:www.mazda.co.jp」で調べると「約1,570件」と表示され検索結果ページにはそのサイトの中にどのようなWebページが存在するかがわかります。

また、「site:」での検索はドメイン単位だけではなく、サブドメイン単位、ディレクトリ単位でも行うこともできます。たとえば、「honda.co.jp」というドメインを使って作った「http://ucar.honda.co.jp」という中古車をテーマにしたサブドメインのサイトのインデックス数を調べるには下図のように「site: サブドメイン名」で調べます。

●サブドメインのサイトのインデックス数

また、ディレクトリの中にあるページがどのくらいインデックスされているかを調べるには下図のように「site:ドメイン名+ディレクトリ名」で検索をします。

●ディレクトリ内のインデックス数

4-2 ◆ サーチコンソール

「site:」でインデックス数を調べたときに表示されるインデックス数はおおよその数字でしかありません。より厳密に調べるには自社サイトをGoogleが無料で提供しているGoogleサーチコンソールに登録して調べる必要があります。

5 サーチコンソール

5-1 ◆ サーチコンソールとは?

サーチコンソールは誰でも無料で使えるサイトのインデックス状況(Googleのクローラーロボットによる登録サイト内の情報収集と評価状況)を知ることができるツールです。

サーチコンソールに自社サイトを登録するにはいくつか方法がありますが、最もシンプルな方法は、Googleが指定したHTMLファイルをダウンロードして、そのHTMLファイルを自社サイトのサーバーにFTPソフトを使ってアップロードし、本人認証をする方法です。

通常、FTPソフトを使ってサーバーにファイルをアップできるのは、サイトを所有するか、その管理を任されている人だけなので、ファイルをFTPソフトでアップできるということは本人だと認定されるのがこの本人認証の仕組です。

本人認証が済むと、サーチコンソールを利用することができるようになります。

◉サーチコンソールに新規でサイトを登録する画面

なお、登録方法の詳細は次のページを参照してください。

- Search Consoleヘルプ　初心者向けスタートガイド

  URL https://support.google.com/webmasters/answer/9274190?hl=ja

通常、1週間以内にサーチコンソールにデータが表示されるようになり、その後、自社サイトのインデックス状況をさまざまな面から調べることができます。

5-2 ◆ カバレッジ

サーチコンソールには本書の前章で解説した「検索パフォーマンス」の他に、さまざまなインデックスに関する情報を見ることができますが、ここではいくつかの重要な機能に絞って説明します。

サーチコンソールで最も基本的な情報としては「カバレッジ」という項目があります。サーチコンソールにログインして最初に表示される画面「サマリー」の画面中央の上から2番目に「カバレッジ」という項目のグラフがあります。

◉カバレッジ

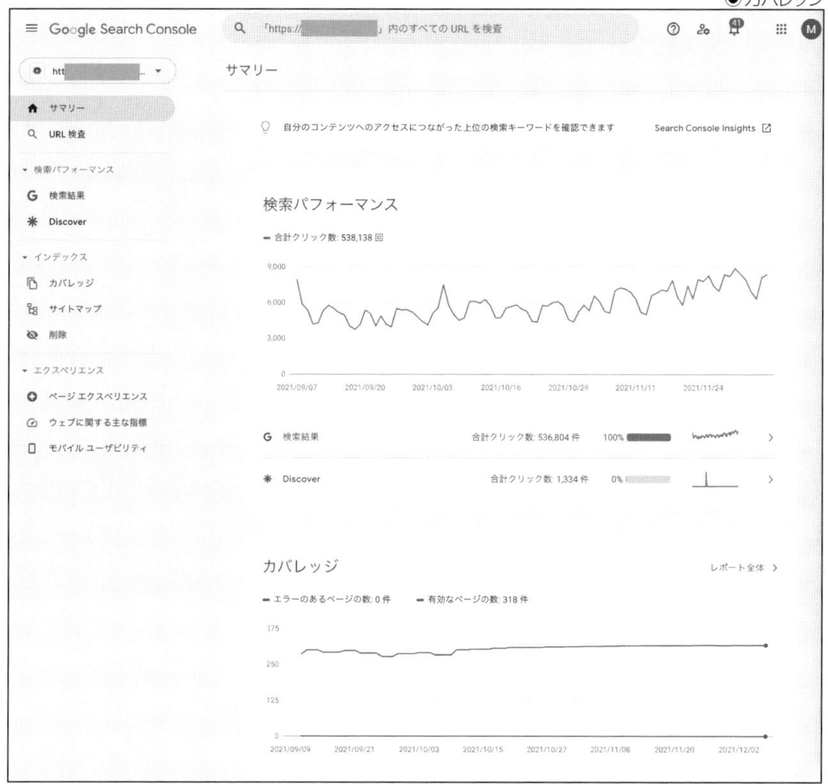

ここで重要なのはインデックス数が減っているか、増えているかその増減の傾向を見ることです。このデータを見ると9月11日に有効なページ(Googleにインデックスされているページ)が286ページだったのが、12月7日に318ページに増えています。この間にサイトにアップした32の新規ページが無事、Googleにインデックスしてもらい評価してくれていることがわかります。

◉カバレッジの詳細

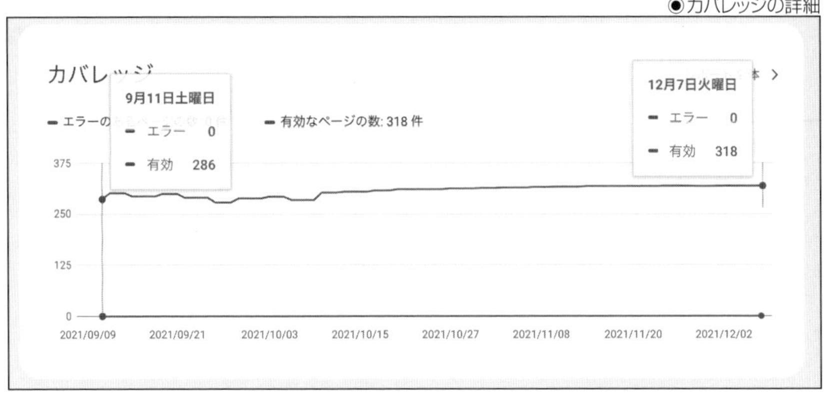

しかし、もしもインデックス数が減っている傾向にあるならば、サイト内のページをサイト管理者自らが削除していない限り、Googleがサイト内で評価しているページ数が減っているということになります。その原因はほとんどの場合、サイト内のページの品質が現在のGoogleの基準では低くなっていることを意味します。

その場合、品質が低そうなページを見つけて品質を高めるためにコンテンツを編集するか、文章を追加することが取るべき対策になります。

反対に、インデックス数が増えている傾向にあるならば自社サイトの内のページにあるコンテンツの品質は現在のGoogleの基準でみても問題がないことを意味します。

5-3 ◆ クロールエラー

次に重要な情報は、クロールエラーです。クロールエラーというのはGoogleのクローラーがサイト内のページの情報を読み取れなかったことをいいます。

下図は別のサイトのサーチコンソール内のデータです。

◉サーチコンソール内のデータ

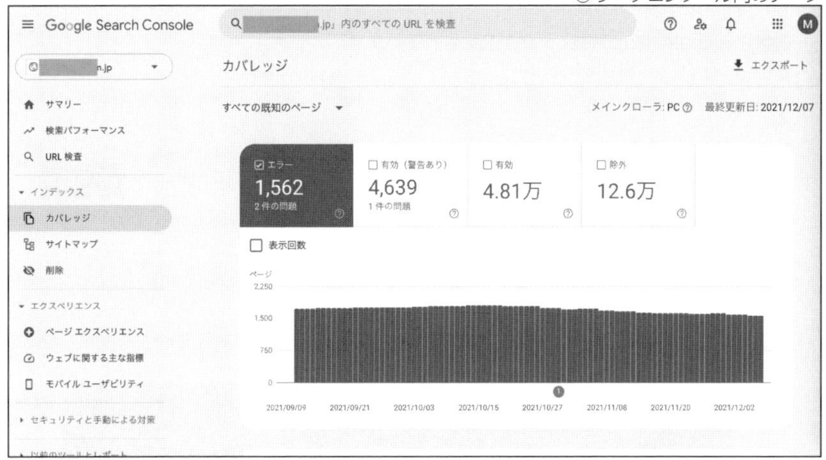

画面左上の「エラー」という項目に1296という数値が表示されています。これはこのサイトにあるページの中で、1296ページが何らかの問題を抱えておりクロールエラーが発生し、Googleがインデックスしていないことを意味しています。

クロールエラーの原因は画面下にある「詳細」の部分に表示されており、それぞれの原因をクリックすると、どのページがその原因によりクロールエラーになっているのかがわかります。

◉クロールエラー

詳細

ステータス	型	確認 ↓	推移	ページ
エラー	送信された URL に noindex タグが追加されています	開始前		1,296
エラー	サーバーエラー（5xx）	開始前		266
エラー	送信された URL が見つかりませんでした（404）	該当なし		0

1 ページあたりの行数: 10 1～3/3

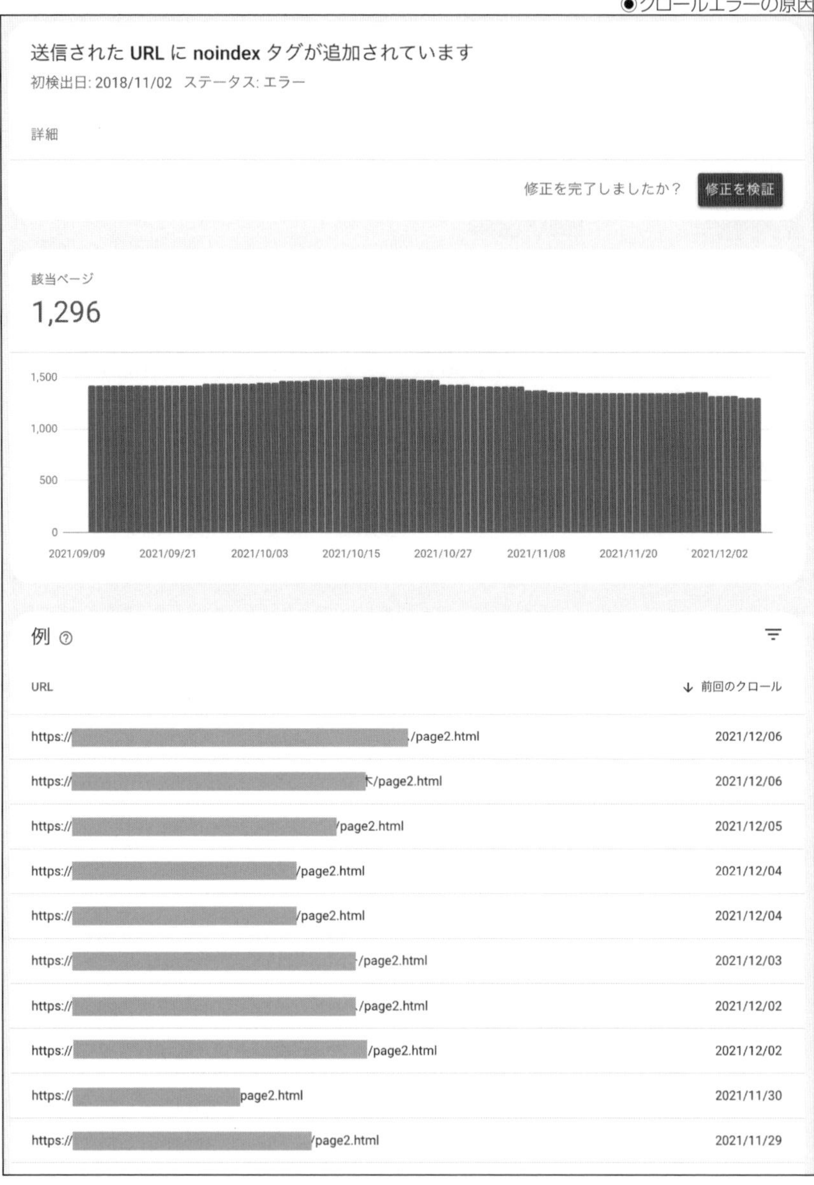

これらの情報を参考にして早急にエラーを解消し、サイト内のすべてのページをGoogleにインデックスしてもらい、評価対象に入れてもらうことが必要です。

5-4 ◆ ページエクスペリエンス

2021年にサーチコンソールに新機能として「ページエクスペリエンス」と「ウェブに関する主な指標」が追加されました。

これはGoogleが近年重視するようになった「ページエクスペリエンスシグナル」という検索順位を決める新しい要因をサイト運営者に意識してもらうためのものです。

ページエクスペリエンスシグナルとは、昨今Web業界、IT業界などで言われているユーザーエクスペリエンス(UX=ユーザー体験)の向上をWebページに当てはめたもので、ユーザーエクスペリエンスの良いWebページは検索で上位表示させ、悪いものは順位を下げるための評価技術のことです。

- 【出典】ページエクスペリエンスのGoogle検索結果への影響について
  URL https://developers.google.com/search/docs/guides/page-experience

従来はWebページのユーザー体験が良いか悪いかは主観的な意見としてでしか述べることができませんでしたが、Googleはページエクスペリエンスシグナルという「ページのユーザー体験の良し悪しを判断するための信号」を1つひとつ数値化することに成功しました。

これらの数値を見ることによりユーザー体験の改善がどこまで進捗しているかを他者と共有することが可能になり、主観的な評価が客観的になったためユーザー体験改善の取組がしやすくなりました。

ページエクスペリエンスシグナルは次の6つの要素から構成されます。

①読み込みパフォーマンス(LCP)

読み込みパフォーマンスはLargest Contentful Paint(LCP)と呼ばれるもので、ユーザーが1つのWebページにアクセスしたときにそのページが表示され終わったと感じるタイミングを表す指標です。最も有意義なコンテンツというのは画像、動画、テキストなどの要素です。

この指標をGoogleが導入した理由はユーザーが1つのWebページを見るのに待つ時間が長くなるとストレスになるからです。閲覧するのにストレスの少ないページを上位表示させることによりGoogleという1つの検索サイトのユーザー体験を高めようとするものです。

●LCPのイメージ図

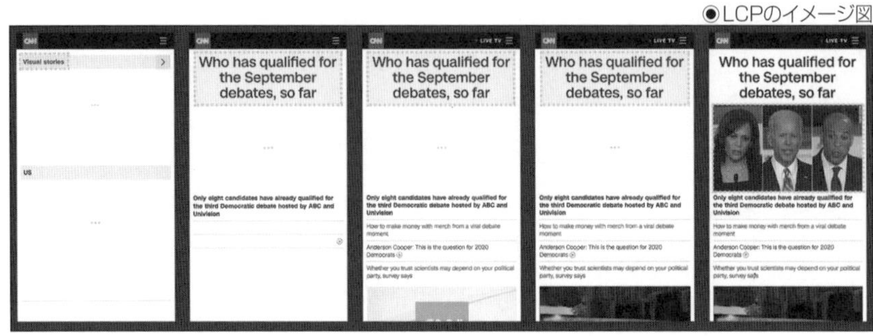

※出典「Largest Contentful Paint（LCP）」（https://web.dev/i18n/ja/lcp/）

LCPの目標値はWebページが最初に読み込まれてから2.5秒以下と公表されています。サイトにある各ページのLCPのスコアはPageSpeed Insightsで調べるとわかります。

●PageSpeed Insights（LCP）

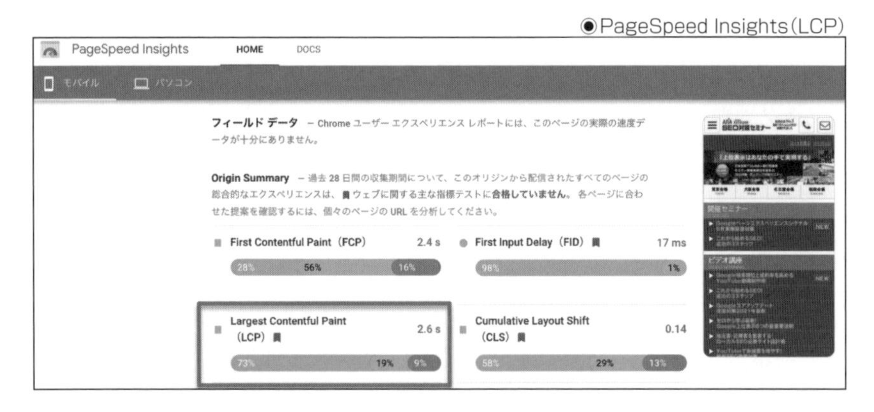

②インタラクティブ性（FID）

インタラクティブ性はFirst Input Delay（FID：初回入力遅延）と呼ばれるもので、ユーザーが1つのWebページ上で何らかの動作を行ったときに、それが実行されるまでどれだけ待つかを表す指標です。

この指標をGoogleが導入した理由はユーザーが何らかの動作をWebページ上で行ったときにユーザーが予想する以上に待たなくてはならないページはユーザー体験が良好では無いのでそうしたWebページの管理者に改善を促すためのものです。

●FIDのイメージ図

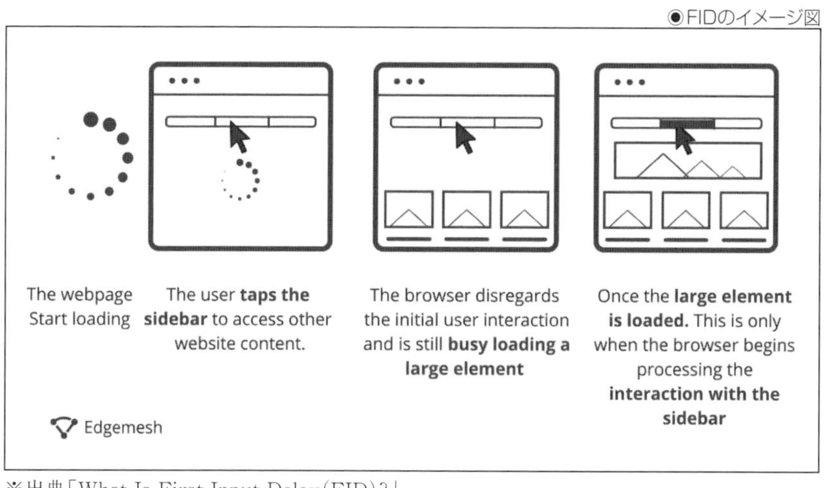

The webpage Start loading
The user **taps the sidebar** to access other website content.
The browser disregards the initial user interaction and is still **busy loading a large element**
Once the **large element is loaded.** This is only when the browser begins processing the **interaction with the sidebar**
Edgemesh

※出典「What Is First Input Delay(FID)?」
(https://edgemesh.com/blog/what-is-first-input-delay-fid)

FIDの目標値は100ミリ秒以下と公表されています。サイトにある各ページのFIDのスコアもPageSpeed Insightsで調べるとわかります。

●PageSpeed Insights(FID)

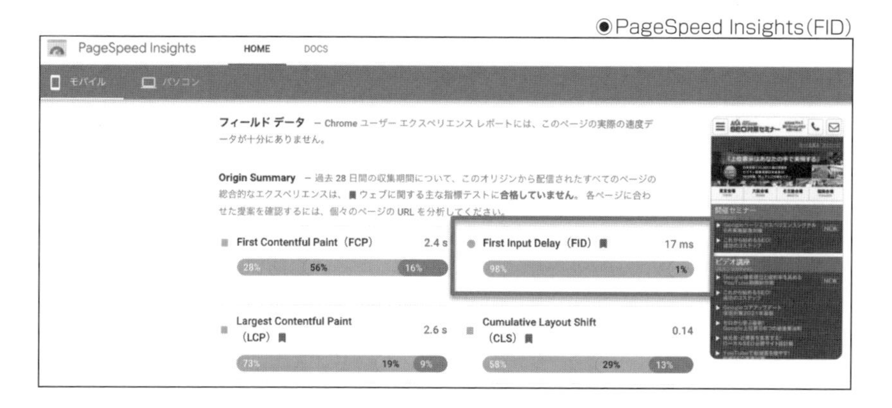

③視覚的安定性（CLS）

視覚的安定性はCumulative Layout Shift（CLS）と呼ばれるもので、ユーザーが1つのWebページにアクセスしたときにページ内のレイアウトのずれがどれだけ発生しているかを表す指標です。

●ページ上部に配置された画像のサイズ指定がないためにレイアウトのずれが起きている例

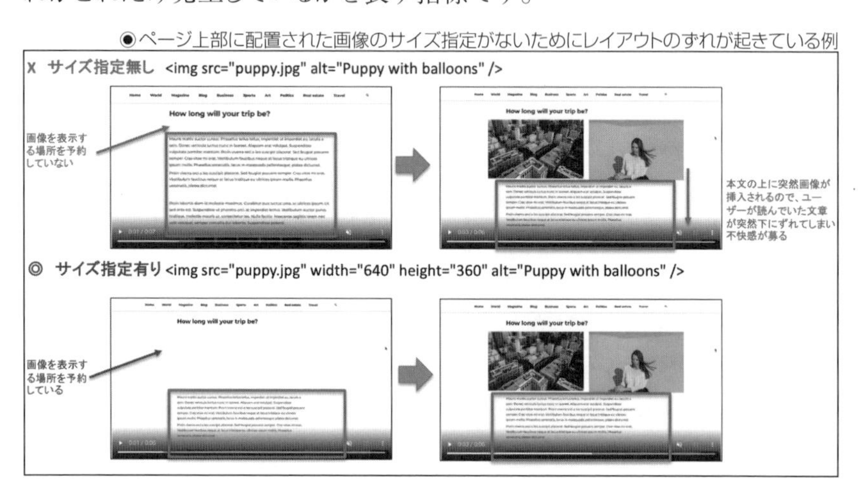

この指標をGoogleが導入した理由はレイアウトのずれが頻繁に起きるページはユーザーにとって良好なユーザー体験を提供できていないため、サイト運営者に対して改善を促すためのものです。

CLSの目標値は0.1以下と公表されています。サイトにある各ページのCLSのスコアもPageSpeed Insightsで調べるとわかります。

●PageSpeed Insights（CLS）

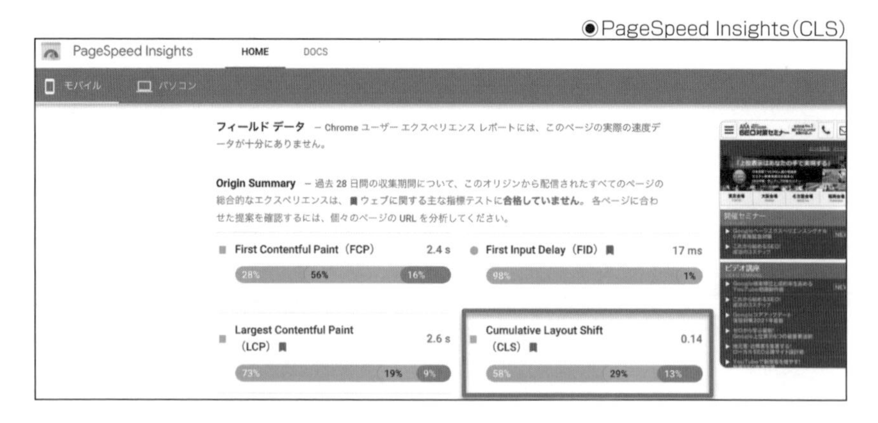

④モバイルフレンドリー

モバイルフレンドリーはWebサイトがモバイル端末で閲覧がしやすいことをいいます。Webサイトがどれだけモバイルフレンドリーなのか、問題点はどこにあるのかはサーチコンソールの「モバイルユーザビリティ」を見ることによりわかります。

●モバイルユーザビリティ

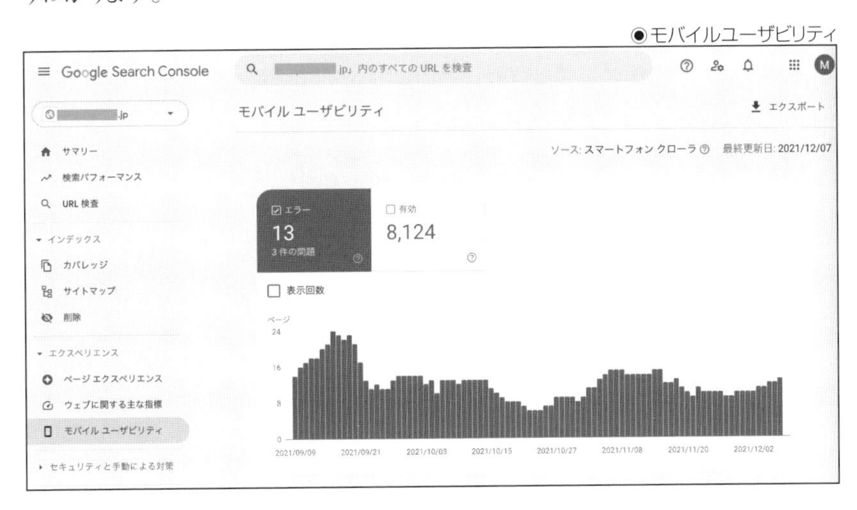

⑤HTTPSセキュリティ

これはユーザーがWebページをサーバーから自分のデバイスにダウンロードするときに他人にその内容を盗み見されたり、改ざんされないようにデータを暗号化するための技術のことです。

サイト内のすべてのページをHTTPS化することにより、すべてのページのURLの先頭に「https://」という文字列が表示されるようになります。そうするとユーザーが使っているブラウザの上部にあるURL表示欄には鍵の印が表示されるようになり、ユーザーに安心感を与えることが可能になります。

実際にサイト内のすべてのページをHTTPS化することはサイトのセキュリティを強化することになり、ユーザーがWebサイトを安全に閲覧することが可能になります。

HTTPS化するにはSSL証明書が必要になります。従来はSSL証明書を入手するには高額な初期費用と年間の維持費がかかりましたが、最近では多くのサーバー会社が無料のSSL証明書を発行し、その使用をサポートしてくれるようになってきました。

こうした環境が整ってきたこととGoogleが何度にもわたってサイト内の全ページのHTTPS化を勧告していることからもサイトのHTTPS化はもはや常識といってよい時代になりました。未対応のサイトは早急に対応してサイトの信頼性を高めなければなりません。

- 【参考】HTTPSページが優先的にインデックスに登録されるようになります

URL https://developers.google.com/search/blog/2016/08/promote-your-local-businesses-reviews?hl=ja

⑥煩わしいインタースティシャルがない

インタースティシャルとはWebページをユーザーが見ようとすると画面いっぱいに表示されるメッセージや広告のことをいいます。

ページ内の主要な要素はあくまでメインコンテンツです。検索ユーザーが検索する理由は自分が見たい情報があるページ内のメインコンテンツを見ることです。サイト運営者がそのことを無視して、ユーザーに見せたいメッセージや広告を強引に表示してメインコンテンツを見えにくくすることはユーザー体験を悪化させる原因になります。

Googleの公式サイトでは次のようなインタースティシャルがユーザーにとって煩わしいものであるため使用を避けるように勧告しています。

◉煩わしいインタースティシャルの例

煩わしいポップアップの例　煩わしいスタンドアロンインタースティシャルの例 1　煩わしいスタンドアロンインタースティシャルの例 2

※出典「モバイルユーザーが簡単にコンテンツにアクセスできるようにする」
（https://developers.google.com/search/blog/2016/08/helping-users-easily-access-content-on?hl=ja）

これらはいずれもユーザーがWebページを閲覧する上でどうしても必要なものではなく、サイト運営者が自己の目的を達成するために他のページにユーザーを誘導するための手段でしかありません。

一方、Googleは次のようなインタースティシャルはユーザーがWebページを閲覧する上で必要なものだと判断し、その使用を許しているものです。

◉責任を持って使用することで、ページエクスペリエンスシグナルの影響を受けないインタースティシャルの例

Cookie の使用に関するインタースティシャルの例　年齢確認のインタースティシャルの例　画面スペースから見て妥当な大きさのバナーの例

インタースティシャルを使用するときは、それがページにアクセスするユーザーにとって真に必要なものかを考え、ユーザー体験の低下を避けなければなりません。

- 【参考】モバイルユーザーが簡単にコンテンツにアクセスできるようにする
  URL https://developers.google.com/search/blog/2016/08/helping-users-easily-access-content-on?hl=ja

以上が現時点でGoogleが提唱するページエクスペリエンスシグナルの6つの要素です。今後もGoogleはユーザー体験の高いページを上位表示させるためにこれら1つひとつの評価方式を厳しくしていくことと、他の要素を追加していくことが予想されます。

5-5 ◆ ウェブに関する主な指標

Googleは次の3つを「ウェブに関する主な指標」(Core Web Vitals)と呼び、これら3つの指標のサイトへの対応状況をサーチコンソール内の「ウェブに関する主な指標」というページでサイト運営者にわかりやすく示しています。

(1)読み込みパフォーマンス(LCP)
(2)インタラクティブ性(FID)
(3)視覚的安定性(CLS)

PageSpeed Insightsでは1度に1つのページだけしか測定できませんが、サーチコンソールの「ウェブに関する主な指標」を見るとモバイルサイト内とPCサイト内のどのページに読み込みパフォーマンス(LCP)、インタラクティブ性(FID)、視覚的安定性(CLS)の問題があるのかを知ることができます。

●ウェブに関する主な指標

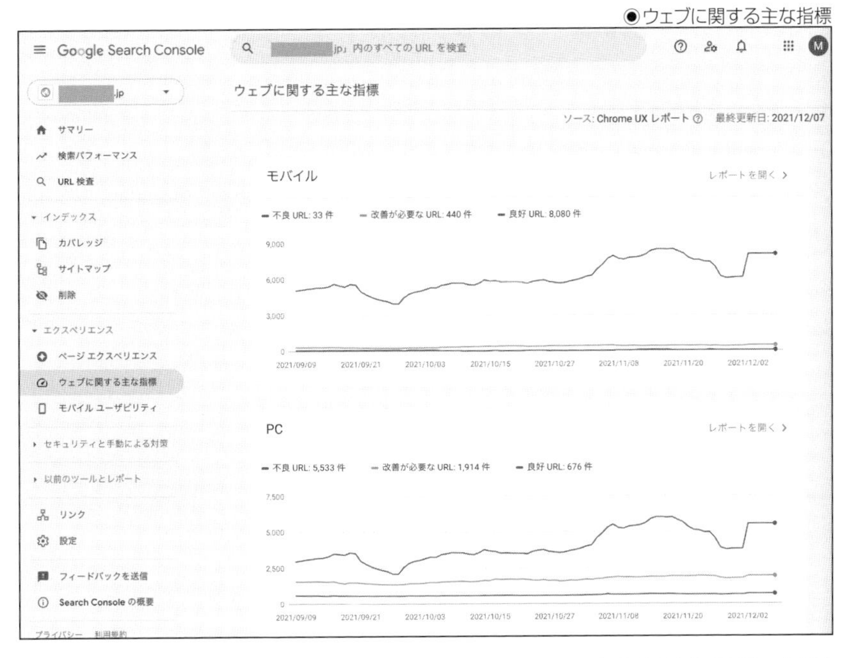

●ウェブに関する主な指標(モバイル)

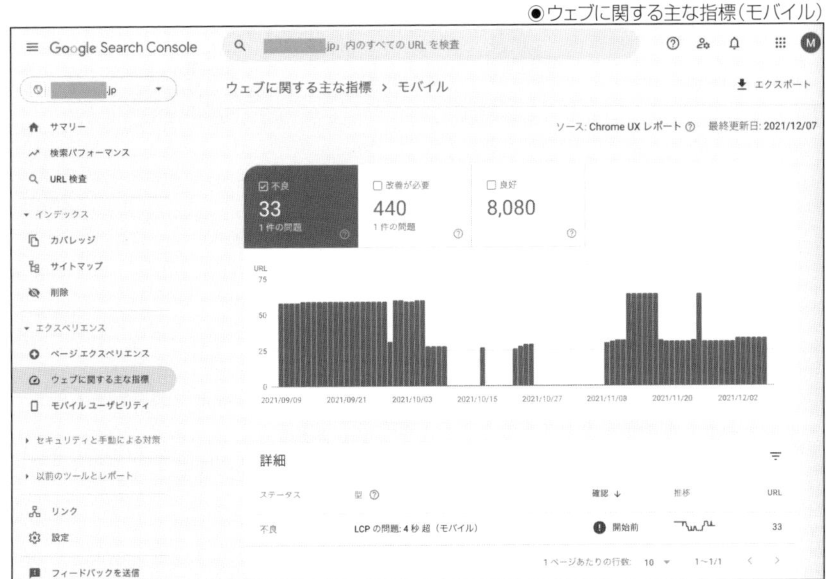

なお、「ウェブに関する主な指標」(Core Web Vitals)の技術的詳細と改善策は『SEO検定1級公式テキスト』で詳しく解説しています。

5-6 ◆ モバイルユーザビリティ

近年、重要性を増しているモバイル版サイトが、スマートフォンを使うユーザーに使いやすくなっているかを調べる画面があります。

「モバイルユーザビリティ」という項目でそれを見ることができます（ユーザビリティとは使いやすさ、使い勝手という意味です）。モバイルユーザビリティを見るためには左サイドメニューの「エクスペリエンス」→「モバイルユーザビリティ」をクリックします。

◉モバイルユーザビリティ

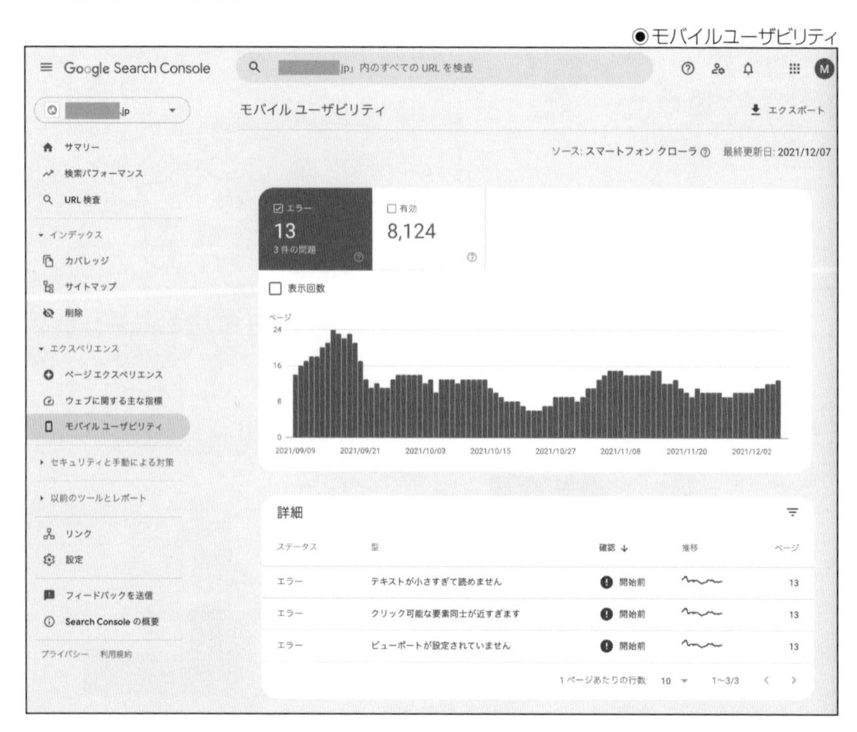

画面の中段にある「詳細」という項目には具体的な問題点が表示され、それぞれの問題点の部分をクリックすると、次ページの図のようにサイト内のどのページがその問題を抱えているかがわかります。

●問題点の指摘

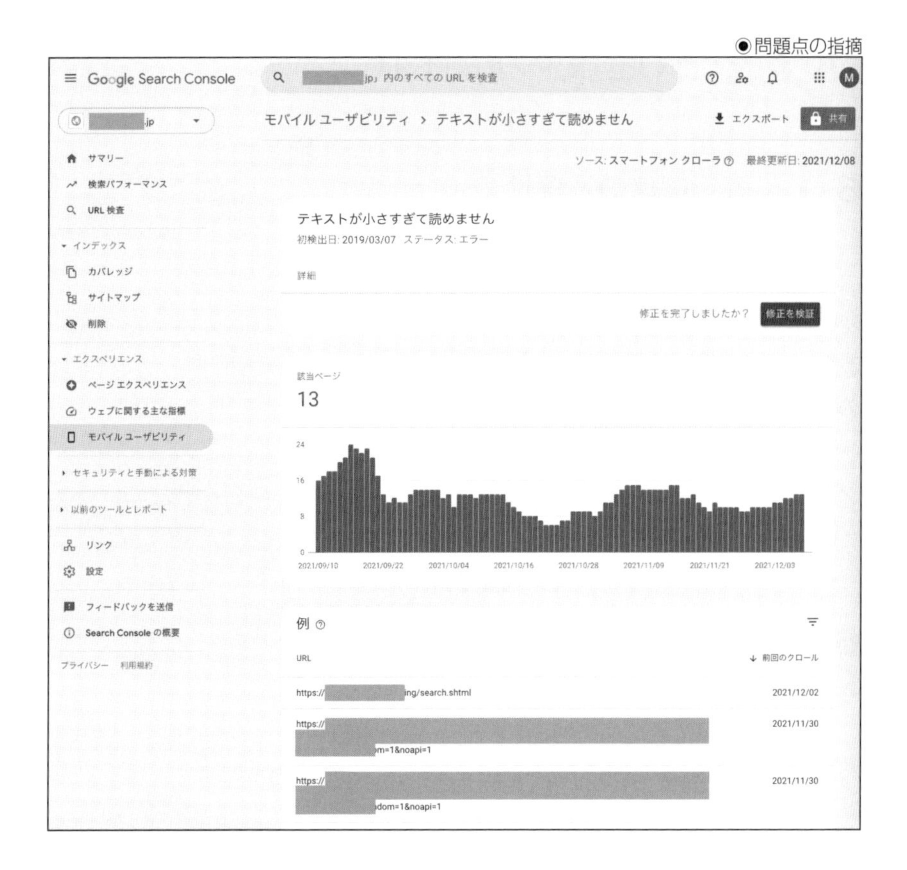

この情報を参考にしながらユーザビリティの改善を行うことでスマートフォンユーザーが使うモバイル版Googleでの検索順位アップを目指すことができます（2014年4月に実施されたモバイルフレンドリーアップデートによりPC版Googleとモバイル版Googleの検索順位は異なるようになりました）。

6 表示速度の高速化

6-1 ◆ 表示速度の重要性

Googleがサイトを評価する上で近年、重視するようになってきたのがページの表示速度です。ページの表示速度が遅いとユーザーがページを見るまでに待つ時間が長くなり、ユーザビリティが悪化します。ユーザビリティの悪いサイトを検索上位表示させるとGoogle自体がユーザーにユーザビリティの悪い検索エンジンだと思われてしまいます。

こうした状況を避けるためにGoogleはサイト運営者に対してページの表示速度を高速化することの重要性を訴えています。

6-2 ◆ PageSpeed Insights

高速化をするためのヒントをサイト運営者に与えるために、Googleは「PageSpeed Insights」というツールを2010年から提供開始しました。

●PageSpeed Insights

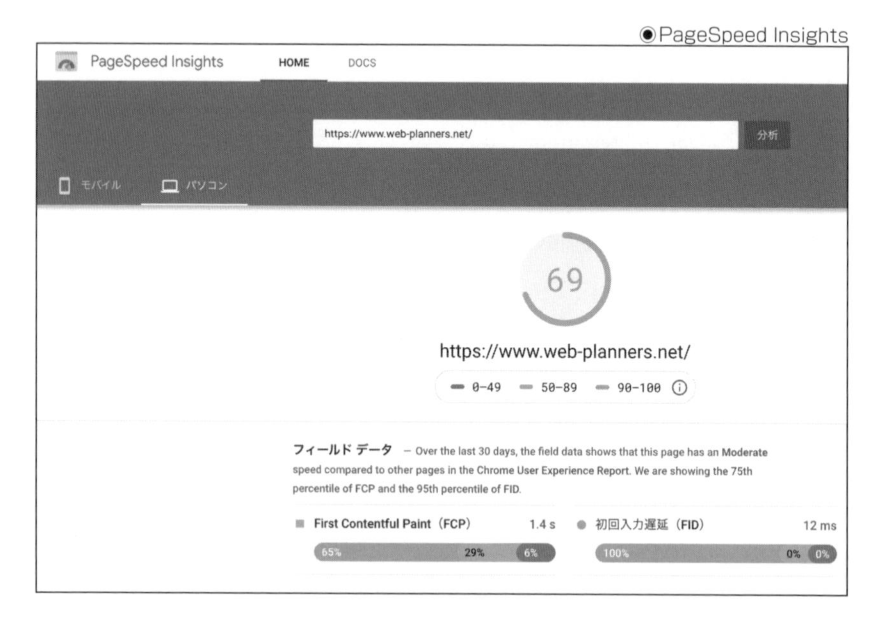

このツールを使うとモバイル版ページ、PC版ページのそれぞれのスコアと具体的な改善点が表示されます。スコアは100点満点ですが、Googleで上位表示を目指すには少なくとも50から89点の範囲のスコアを取る必要があります。

6-3 ◆ 表示速度が遅くなる原因と解決策

表示速度が遅くなる原因でよくあるものとしては、次の2つがあります。

(1)画像の容量が大きすぎる

(2)HTML、CSS、JavaScriptのファイルに無駄なソースが多い

画像の容量が大きすぎる場合は、ロスレス圧縮(画像の品質をほとんど犠牲にせずデータサイズを圧縮する技術)をするか、PNGやJPEGより圧縮性能が高い次世代の画像フォーマットであるJPEG 2000、JPEG XR、WebPなどのフォーマットで画像を保存することをGoogleは推奨しています。

◉改善できる項目

改善できる項目　　短縮できる時間（推定）

▲ 次世代フォーマットでの画像の配信　　1 s ^

JPEG 2000、JPEG XR、WebP などの画像フォーマットは、PNG や JPEG より圧縮性能が高く、ダウンロード時間やデータ使用量を抑えることができます。詳細

URL	サイズ	減らせるデータ量
/images/main_img.jpg (www.web-planners.net)	308 KB	238 KB
...p200x200/16939272_....png?_nc_cat=... (scontent-mia3-1.xx.fbcdn.net)	149 KB	125 KB
/images/main_bnr_6circle.jpg (www.web-planners.net)	130 KB	104 KB

HTML、CSS、JavaScriptのファイルに無駄なソースが多いというアドバイスがツール上で表示された場合、表示されたアドバイスに従ってソースを改善することが求められます。

●表示されたアドバイス

■ レンダリングを妨げるリソースの除外 0.65 s ^

ページの First Paint をリソースがブロックしています。重要な JavaScript や CSS はインライン で配信し、それ以外の JavaScript やスタイルはすべて遅らせることをご検討ください。詳細

URL	サイズ	減らせるデータ量
/css/styles.css (www.web-planners.net)	59 KB	350 ms
/css/styles_add.css (www.web-planners.net)	1 KB	150 ms
…css/font-awesome.min.css (maxcdn.bootstrapcdn.com)	6 KB	270 ms
/js/smoothScroll.js (www.web-planners.net)	0 KB	150 ms
/js/roll.js (www.web-planners.net)	1 KB	150 ms

7 インデックスの改善方法

7-1 ◆ サイト内リンクの調整

サーチコンソールを使って自社サイトのインデックス状況を調べた後にすべきことは、インデックス状況の改善、つまりGoogleにインデックスされるページ数を増やすことです。

これまで述べてきたサーチコンソール内で得られるヒントについては、サーチコンソールの画面上に表示された提案の通りに修正をするべきです。

それ以外には、なかなかインデックスされないページがあったら、サイト内リンクを調整することにより改善が期待できます。サイトの深い階層、たとえば、ある商品に関するQ&Aページがなかなかインデックスされないとしたら、浅い階層のページからなるべく目立つようにリンクを張ることが1つの対策です。もう1つの対策は、サイト内にある多くのWebページからリンクを張ることによりサイト内リンクの数を増やしたり、より目立つページからリンクを張ると改善が期待できます。

7-2 ◆ サイト内にサイトマップページを設置する

サイト内リンクを調整する上で最も普及している方法が自社サイト内にサイトマップページを設置することです。

サイトマップページは次ページの例のようにユーザーが探しているページがすぐに見つかるようにするためのサイト内リンク集のことをいいます。

◉サイト内に設置されたサイトマップページの例(無印良品)

MUJI 無印良品　ホーム　ネットストア　店舗情報　くらしの良品研究所　my MUJI　お問い合わせ　Global Site

サイトマップ

ネットストア
- 全商品カテゴリー一覧
- キャンペーン／特集一覧
- 新発売商品
- 諸国良品
- MUJI meets IDEE
- 無印良品の募金券
- my MUJI
- はじめての方へ
- MUJI.netメンバーのご案内
- カタログ
- ネット注文店舗受け取りサービス
- ネットストア携帯版
- ダイレクトオーダー
- 配送料について
- お支払い方法について
- お届けについて

店舗情報
- イベント情報
- 店舗サービス
- 大型店舗
- MUJI
- Found MUJI
- MUJI to GO
- MUJIcom
- comKIOSK
- Café & Meal MUJI
- ファミリーマート＋無印良品
- インテリア相談会
- こどもと楽しむ無印良品
- 海外の無印良品

無印良品の取り組み
- くらしの良品研究所
- IDEAPARK
- MUJI HOUSE VISION
- Open MUJI
- Found MUJI
- MUJI AWARD
- MUJI Passport
- MUJI HUT

無印良品のメッセージ

What is MUJI

お問い合わせ
- 商品ごとのFAQ
- トラブルSOS
- 修理・パーツ
- お手入れ方法
- 廃止商品
- 商品の選び方
- もっと知りたい商品のこと
- 使いはじめに分からないこと
- 店舗のご利用について
- ネットストアご利用ガイド
- MUJIマイルサービスについて
- MUJI Cardについて
- 著作権・セキュリティその他について

その他のサービス
- モバイルアプリケーション
- MUJI GIFT CARDについて
- MUJI Cardのご案内
- 法人のお客様へ

関連事業
- 無印良品の家
- Café & Meal MUJI
- 無印良品キャンプ場
- IDEE

株式会社良品計画
- ニュースリリース
- 企業情報
- 投資家向け情報
- 採用情報

採用情報
- 店舗スタッフ採用
- 本部スタッフ採用
- 2016年度 新卒採用

大規模なサイトにはたくさんのWebページがありますが、ユーザーが探しているWebページが見つからないことが多々あります。そうしたケースが増えるとユーザーがサイトから離脱してしまい成約率が下がるという最悪の事態を招くことになります。

こうした事態を防ぐための配慮として今日では多くのサイトがサイトマップページを持つようになりました。

そして、サイトマップページ自体が見つからないのでは話にならないので、ほとんどのWebサイトはすべてのページのヘッダーか、フッターのメニューから下図のようにサイトマップページにリンクを張り、迷子になったユーザーに見てもらえるように配慮しています。

◉ヘッダー部分に設置されたサイトマップページへのリンク例

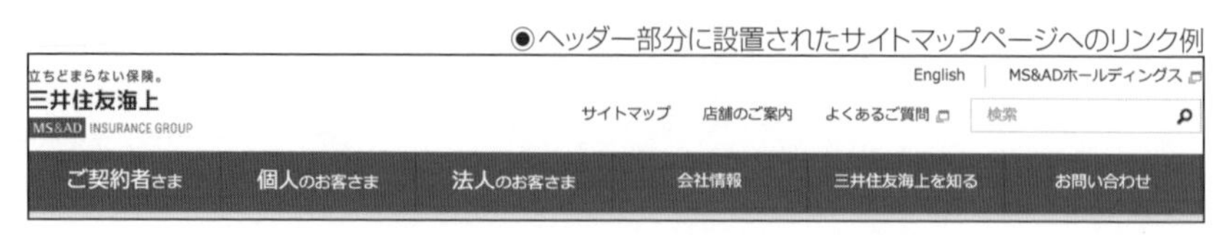

◉フッター部分に設置されたサイトマップページへのリンク例

© Ryohin Keikaku Co., Ltd.　個人情報の取り扱い　サイトマップ

そしてこのような習慣を理解しているGoogleなどの検索エンジンも積極的にサイトマップページをインデックスし、より多くのWebページをインデックスするように設計されています。

ユーザーのためだけではなく、インデックス状況の改善のためにもサイトマップページを設置したほうがよいです。

7-3 ◆ サーチコンソールのサイトマップ機能を使う

それでも改善がされないようならば、サーチコンソール内にある「サイトマップ」という機能を使うことが推奨されます。ここでいうサイトマップというのは自社サイト内に設置するサイトマップページとは異なり、サーチコンソール上でGoogleに自社サイト内にあるWebページを漏れなくインデックスしてもらうための通知機能のことをいいます。

Search Consoleヘルプによると、サーチコンソール内にある「サイトマップ」とは『サイト上でクロールするウェブページのリストをGooglebotのようなウェブクローラに指定するために作成するファイルです。ウェブクローラは通常、サイト上のすべてのファイルをたどって検出できますが、サイトマップはクローラの効率を上げることができます。さらに、ページのコンテンツの変更頻度(クロールが必要な頻度の参考となります)のようなメタデータ(筆者注：あるデータに対して関連する情報)や、動画や画像のファイルの説明など、検索エンジンが解析しにくいコンテンツに関する詳細をクローラに提供できます。Search Consoleのサイトマップレポートを使うと、サイトマップを表示、追加、テストすることができます。』と記述されています(Search Consoleヘルプより https://support.google.com/webmasters/answer/183669?hl=ja)。

この機能を使うことでGoogleがインデックスしにくい動的なURLや深い階層にある古いWebページなどもインデックスされやすくなり、サイト構造をGoogleに理解してもらいやすくなります。

◉サイトマップ

サイトマップ

送信されたサイトマップ

サイトマップ	型	送信 ↓	最終読み込み日時	ステータス	検出された URL
http:/[redacted]m.jp/sitemapindex.xml	サイトマップ インデックス	2018/03/27	2021/11/30	成功しました	17,788
http:/[redacted]m.jp/info/feed	RSS	2012/11/26	2021/12/03	成功しました	11
http:/[redacted]m.jp/room/rss/	RSS	2012/11/26	2021/12/09	成功しました	21
http:/[redacted]ng/rss/	RSS	2012/11/26	2021/12/09	成功しました	21

1 ページあたりの行数: 10 ▾ 1～4/4 ‹ ›

サイトマップ機能を使うべき基準については、Googleは次のように規定します（Search Consoleヘルプより https://support.google.com/webmasters/answer/156184）。

（1）サイトのサイズが非常に大きい（ページ数が多い＝500ページを超えるサイトの場合）
（2）サイトにどこからもリンクされていない、または適切にリンクされていないコンテンツページのアーカイブが大量にある
（3）サイトが新しく、外部からのリンクが少ない
（4）サイトでリッチメディアコンテンツを使用している、サイトがGoogleニュースに表示されている、または他のサイトマップ対応のアノテーション（メタデータを注釈として付与すること）を使用している

これらのいずれにも該当しない場合は、特にこの機能を使う必要はありません。

7-4◆リンク対策

Googleのクローラーにインデックスされやすいサイトにするためにはリンク対策が本来必要です。その理由はGoogleは従来よりWWW上にあるWebサイトとWebサイトの間に張り巡らされたリンクをたどり、かつそれらWebサイト内に張り巡らされたサイト内リンクをたどってインデックスをしていくものだからです。

インデックスされやすくするためのリンク対策としては、次のようなものがあります。

(1)人気のあるポータルサイトに掲載すること
(2)ディレクトリに登録をすること
(3)業界の有名なサイトに掲載されること
(4)関連性があり、一定のアクセス数があるサイトからリンクを張ってもらうこと
(5)自社が運営している別ドメインのサイトがあればそこからリンクを張ること
(6)自社が運営している別ドメインのブログがある場合はそこからリンクを張ること
(7)求人サイトに求人広告を出してそこからリンクを張ってもらうこと

7-5◆ソーシャルメディア対策

ただし、リンク対策だけでは限界があります。なぜならなかなか理想的なサイトから自社サイトにリンクを張ってもらうことは簡単ではないからです。それは時間がかかり、少しでも手を抜くとGoogleが評価しないリンクを集めることになったり、逆にマイナス評価になるリンクを集める結果になるからです。

そうした中で安全で確実に自社サイトへのアクセスを増やし、インデックスをしてもらうようにする対策としてソーシャルメディアの活用が一般的になってきています。

Facebook やTwitter、LINE公式アカウント、Googleビジネスプロフィール（旧称：Googleマイビジネス）、YouTubeなどのソーシャルメディアから自社サイト内にあるインデックスしてほしいWebページにリンクを張って紹介することで、それらのページへのアクセスが増えます。そしてGoogleはそのことをクッキー技術によって認識してリンク先のページがインデックスされやすくなり、かつ上位表示にプラスに働くようになります。

こうしたソーシャルメディアは基本的に無料で誰でも開設して活用することができるので積極的に利用することをお勧めします。

これらリンク対策とソーシャルメディア対策の詳細は外部要素について詳述するSEO検定2級で解説しています。

◉ソーシャルメディア

8 インデックスするページのコントロール

これまで、インデックス状況の確認方法とその改善方法について述べてきましたが、サイト内のすべてのページをGoogleなどの検索エンジンにインデックスしてもらいたくない場合は、次のようなタグを使用することによりインデックスをコントロールすることができます。

8-1 ◆ インデックスを拒否する方法

Googleなどの検索エンジンにインデックスしてほしくないWebページはHTMLソースのヘッダー部分に次のように記述するとインデックスから除外してもらうことができます。

◉インデックスからの除外

```
<meta name="robots" content="noindex">
```

8-2 ◆ リンクとしての評価を拒否する方法

Googleは、近年、お金をもらって外部ドメインのWebページにリンクを張る場合は、それがリンクとして評価されないようにアンカータグ（<a href>）に次のように「rel="nofollow"」と記述することを求めています。

◉リンクとして評価されないようにする

```
<a href="XXXXX" rel="nofollow"></a>
```

必ず広告としてのリンクを張るときや、何らかのお金をもらってリンクを張るときはこの記述をするとリンク先にペナルティを与えずに済みます。同時にリンクを張っている自社サイトもペナルティを受けないで済むようになります。この記述を忘れないようにしてください（Googleは有料のリンクを張っているサイトにも、張られているサイトにも、両方に対して厳しいペナルティを与えます）。

また、Googleは2019年に「rel="nofollow"」の他に、サイト管理者がGoogleにリンクの性質を伝えるための2つの新しいリンク属性タグを導入しました。

（1）rel="sponsored"

（2）rel="ugc"

①rel="sponsored"

「rel="sponsored"」は、広告やスポンサーシップ、またはその他何らかの報酬を得ることでリンクを外部サイトに張る際に使用する属性です。従来はリンクとしての評価を拒否する方法は「rel="nofollow"」だけでしたが、お金をもらってリンクを張る有料リンクを完全に排除して検索順位の健全性を目指すようになりました。

②rel="ugc"

「rel="ugc"」はユーザーが生成したコメント欄や掲示板などのコンテンツ内から外部サイトにリンクを張る際に使用する属性です。無料ブログや掲示板サイトなどからのリンクは誰でも簡単に張れるリンクです。こうした価値の低いリンクを評価対象から排除して検索順位の健全性を目指すようになりました。

このようにGoogleが価値の低いリンクを評価対象から外すことに力を入れるようになった今、良質なコンテンツをサイト上で提供し、その結果外部サイトからリンクを張ってもらうことを目指すのが賢明なリンク対策であるといえます。

8-3 ◆ 類似性の高いページの申告と除外のリクエスト

サイト内に文字コンテンツの内容が重複しているページが複数ある場合はcanonicalタグ（カノニカルタグ）をヘッダー部分に張るとオリジナルのページだけ評価対象になり、そのページに類似したページは評価対象から除外してもらうことができます。

●評価対象から除外する

```
<link rel="canonical" href="XXXX" />
```

詳しい利用方法はSearch Consoleヘルプにある「重複したURLを統合する」を参照してください。

URL https://support.google.com/webmasters/answer/139066?hl=ja#1

第6章

構造化データ

Googleは検索結果により多くの情報を表示させる構造化データを推進するようになりました。構造化データを適切に使用することにより検索結果上に表示される自社サイトを目立たせてクリック率を向上させることが可能になりました。

構造化データの活用

1-1 ◆ 構造化データとは?

1998年にWeb(WWW:World Wide Web)の創始者であるティム・バーナーズ=リー(Timothy J. Berners-Lee)氏が「セマンティックWeb」構想を提唱しました。セマンティックWeb構想とはWeb上のデータに意味を持たせるべきであるという考え方です。

同氏の主導するWeb関連技術規格の標準化団体W3C(World Wide Web Consortium)内のプロジェクトとして推進され、そこで登場したのが「構造化データ」です。

構造化データとは、ページに関する情報を提供し、ページコンテンツ(たとえばレシピのページでは、材料、加熱時間と加熱温度、カロリーなど)を分類するための標準化されたデータ形式です。

- 【参考】構造化データの仕組みについて

  URL https://developers.google.com/search/docs/guides/intro-structured-data

構造化データを使用すると、サイトのコンテンツについてGoogleが理解しやすくなり、ページに合わせて検索結果の特別な機能を有効にして表示できるようになります。

構造化マークアップを使うとGoogleの検索結果には次のように表示されることが可能になります。枠で囲んだ部分は構造化マークアップによる検索結果画面の拡張です。

◉構造化マークアップによる検索結果画面の拡張

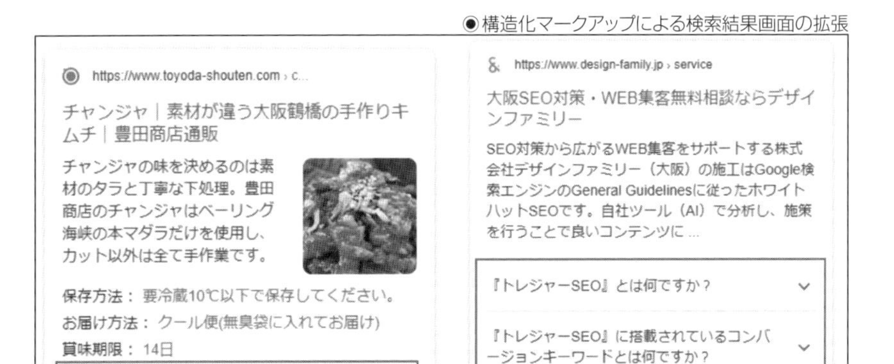

スニペットと呼ばれる領域にディスクリプション以外で詳細情報を表示できるようになるため、クリック率の向上、比較検討がよりできるようになっています。

GoogleはWebサイトをより理解するためにも構造化マークアップは必要だと公式に提唱しています。これにより、構造化マークアップ技術はSEO技術の一部となり始めています。

1-2 ◆ 構造化データがSEOに及ぼす影響

構造化マークアップを行うことで検索順位が劇的に改善することはありません。しかし、構造化マークアップは検索結果に反映されるため、クリック率上昇などの間接的なSEO効果が見込めます。

特に近年「ゼロクリック検索」ともいわれる検索結果のどれもクリックせずに検索を終えるユーザー向けの対策として「SERP SEO（サープエスイーオー）」というSEO施策があります。SERPとは、Search Engine Result Pageの略で、ユーザーが検索エンジンで検索したキーワードの検索結果を表示するページのことです。

「SERP SEO」は構造化マークアップを行うことでできる施策ですので、ゼロクリック検索を解消するためにも重要なSEO施策となっています。2019年6月フィッシュキン氏の調査ではGoogle検索の50%の自然検索ユーザーが結果をクリックすることなく、検索結果ページで終了しているということです。

◉フィッシュキン氏の調査

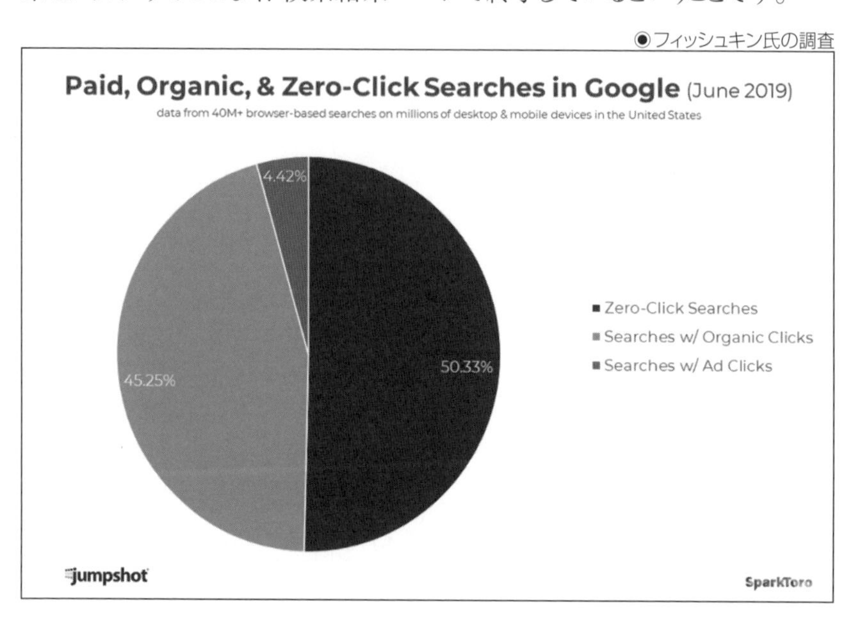

この調査データから見てわかる通り、ゼロクリック検索を緩和させる対策である構造化マークアップが今後必須になることが考えられます。

構造化マークアップの種類

2-1 ◆ 3種類の構造化マークアップ方法

この通り、非常に有効な構造化マークアップですが、当初は複数の規格が存在していたことが導入における障壁になっていました。そこで、2011年6月にGoogle、Yahoo!、Microsoftの検索エンジン大手3社による共同プロジェクト（schema.org）を立ち上げて規格の統一を図りました。また、2011年11月にはロシア最大の検索エンジンYandexもプロジェクトに参加しています。

構造化マークアップの方法は1つではなく、次の3つがあります。

（1）Microdata
（2）RDFa Lite
（3）JSON-LD（Google推奨）

①Microdata

Microdataはschema.orgが最初に仕様統一をした構造化マークアップ手法です。最初に統一されたため、現在でも多くのWebサイトで利用されています。

MicrodataではHTMLタグを使ってデータを定義するため、構造化した箇所と実際のHTMLが一致しやすいメリットがありますが、HTMLの上から下まで全体に設定するためメンテナンスコストがかかります。

②RDFa Lite

RDFa Liteとは以前RDFaという仕様があったのですが、複雑すぎたため簡素化したRDFa Liteが登場しました。Microdataと記述が似ているためわかりやすさがあります。

③JSON-LD

Googleが推奨している構造化マークアップです。JSON-LDの「JSON」は「JavaScript Object Notation」(ジャバスクリプト・オブジェクト・ノーテーション)の略です。LDは「Linked Data」(リンクト・データ)の略です。

JSON-LDは他の2つと比較しても、HTMLのどこに記述しても構わない点、ソースに影響を及ぼさない点、記述量が少なくて済む点がメリットとしてあります。デメリットは他の2つと異なり、実際のHTMLに記載している内容と同様の記述をしないといけないため、HTML修正のたびにJSON-LDも修正する必要があります。

Googleが推奨した理由は、HTMLとJSON-LDは分離して記載できることから、管理面で優秀であると判断されたと考えられます。

2-2 ◆ Googleが利用するschema.orgのタイプ

規格統一団体のschema.orgが規格しているすべてをJSON-LDで採用ているわけではありません。実際、まだ一部しか利用できませんが、利用可能なタイプは徐々に増えています。

どの構造化データのタイプが利用できるのか、どういった記述をすればいいのか、サンプルコードのコピーなどはすべて次のURLに記載されています。

URL https://developers.google.com/search/reference/overview?hl=ja

◉構造化データに関する情報の記載

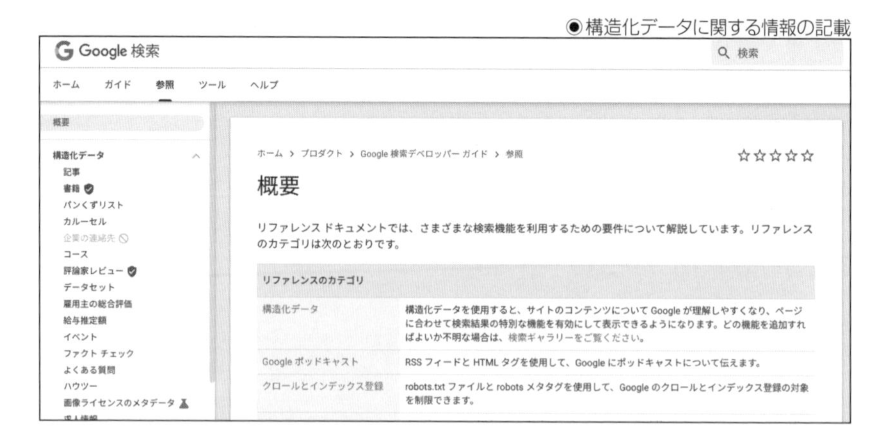

2-3 ◆ Googleで利用できる構造化データの種類

Googleが対応している構造化データの種類には、次のようなものがあります。

- 記事
- 商品
- よくある質問
- パンくずリスト
- レシピ
- 求人情報
- コース
- サイトリンク検索ボックス
- ローカルビジネス
- データセット
- 読み上げ可能
- 映画
- イベント
- 動画
- ファクトチェック
- 書籍
- Q&A
- How-to
- カルーセル
- レビュースニペット
- 職業訓練
- 評論家レビュー
- ソフトウェアアプリ
- ロゴ
- 雇用主の平均評価
- 定期購入とペイウォールコンテンツ
- 職業

2020年2月現在、以上27個のデータタイプが有効化されています。

2-4 ◆ 検索結果ギャラリー

構造化マークアップを行うとどのような見た目になるのかは次のURLから確認できますが、ここでも画像で紹介いたします。

URL https://developers.google.com/search/docs/guides/search-gallery

◉見た目の確認

　このように構造化マークアップでは検索結果一覧でよりPRすることができ、ユーザーにより多くの情報を提供することができます。

構造化マークアップの実装

3-1 ◆ 構造化データ支援ツール

ページ内に構造化マークアップを適切に実装するためのツールをGoogleは提供しています。

①構造化チェックツール

Googleから公式で構造化マークアップのコードが間違っていないかどうかをチェックするサイトがあります。

URL https://search.google.com/structured-data/testing-tool

◉構造化チェックツール

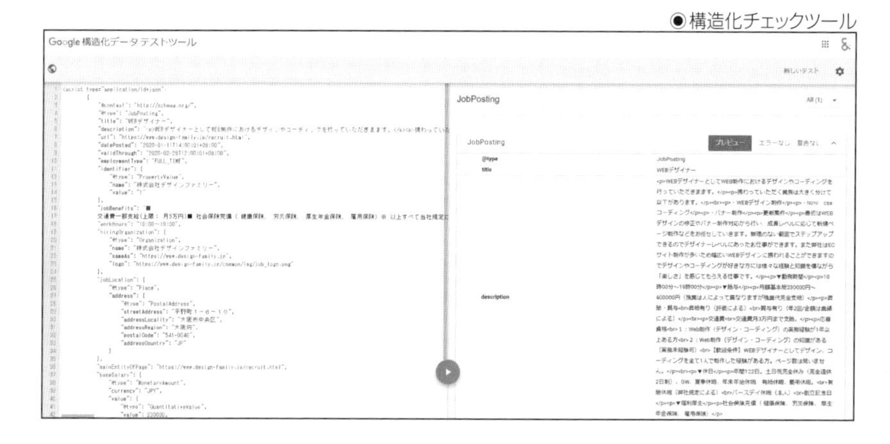

このように、どこにエラーがあるのか教えてくれる便利なツールです。

②構造化データマークアップ支援ツール

下記のように実際のWebサイトを見ながら要素を選択して表示されるリストから該当要素を選ぶだけでマークアップコードを作成してくれます。

URL https://www.google.com/webmasters/markup-helper/

◉構造化データマークアップ支援ツール

3-2 ◆ 構造化データが実装されているかを確認する方法

構造化マークアップ実装後、Googleに認識されているかどうかをサーチコンソール内で確認する方法があります。

サーチコンソールの拡張欄に構造化マークアップしたタイプが記載されているかを確認します。

◉サーチコンソールを確認

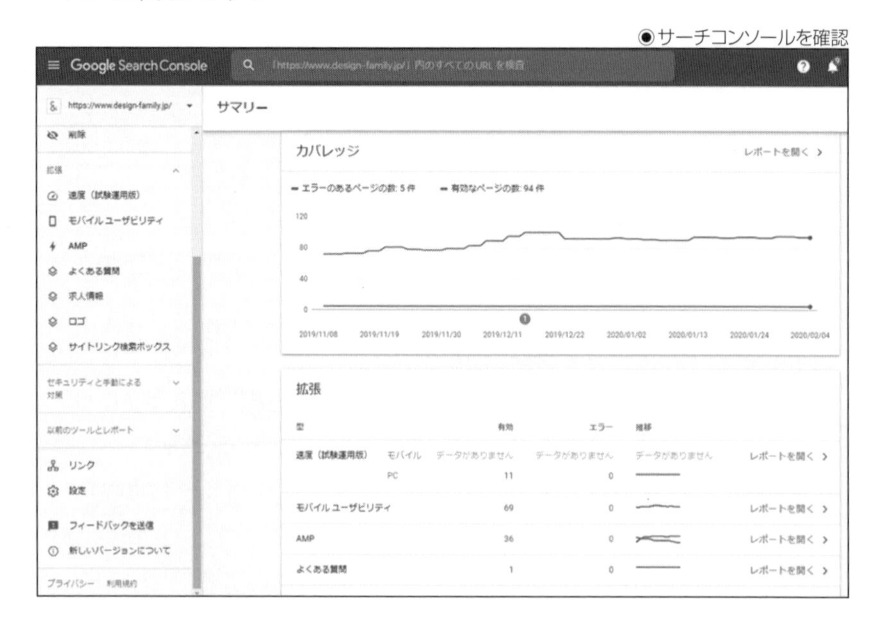

コード記述が間違っている場合は、「解析不能な構造化データ」が表示されます。「解析不能な構造化データ」がなければ基本的には問題ありません。

以上がSEO検定3級がカバーする企画要素と内部要素の技術要因についてです。

これらの要素のほとんどは自社内でできる範囲のものです。しかし、年々複雑化するGoogleの要求を理解するしないで大きな差が生まれる部分でもあります。

だからこそこの部分がSEOの伸びしろになります。常日頃からGoogleを始めとする検索エンジン会社の動向に注意を払い知識の向上と実践による独自ノウハウの蓄積に邁進してください。

参考文献

上越教育大学〔http://juen-cs.dl.juen.ac.jp/html/www/005/〕

IT用語辞典　e-Words〔http://e-words.jp〕

Search Consoleヘルプ〔https://support.google.com/webmasters#topic=3309469〕

アナリティクスヘルプ〔https://support.google.com/analytics/?hl=ja#topic=3544906〕

Googleプライバシーポリシー〔https://www.google.co.jp/intl/ja/policies/privacy/〕

Jessie Stricchiola, Stephan Spencer, Eric Enge（2015）
「The Art of SEO, 3rd Edition」O'Reilly Media

松村明・三省堂編修所編（2019）『大辞林 第四版』三省堂

索引

記号・数字

A

C

F

G

H

I

J

K

L

M

N

O

P

Q

R

S

T

U

W

Y

あ行

か行

た行

な行

は行

ま行

や行

ら行

わ行

＜メモ＞

■編者紹介

一般社団法人全日本SEO協会

2008年SEOの知識の普及とSEOコンサルタントを養成する目的で設立。会員数は600社を超え、認定SEOコンサルタント270名超を養成。東京、大阪、名古屋、福岡など、全国各地でSEOセミナーを開催。さらにSEOの知識を広めるために「SEO for everyone! SEO技術を一人ひとりの手に」という新しいスローガンを立てSEOの検定資格制度を2017年3月から開始。同年に特定非営利活動法人全国検定振興機構に加盟。

●テキスト編集委員会

【監修】古川利博／東京理科大学工学部情報工学科　教授
【執筆】鈴木将司／一般社団法人全日本SEO協会　代表理事
【特許・人工知能研究】郡司武／一般社団法人全日本SEO協会　特別研究員
【モバイル・システム研究】中村義和／アロマネット株式会社　代表取締役社長
【構造化データ研究】大谷将大／一般社団法人全日本SEO協会　特別研究員

編集担当 ： 吉成明久 / カバーデザイン ： 秋田勘助（オフィス・エドモント）

SEO検定 公式テキスト 3級 2022・2023年版

2022年2月17日　初版発行

編　者　一般社団法人全日本SEO協会
発行者　池田武人
発行所　株式会社　シーアンドアール研究所
新潟県新潟市北区西名目所 4083-6(〒950-3122)
電話　025-259-4293　FAX　025-258-2801
印刷所　株式会社　ルナテック

ISBN978-4-86354-374-4 C3055